STUD BOOK FRANÇAIS

REGISTRE

DES

CHEVAUX DE DEMI-SANG

NÉS ET IMPORTÉS EN FRANCE

SECTION NORMANDE

TOME V. — ÉTALONS

(1902-1905)

Les renseignements contenus dans ce volume
ont été arrêtés au 31 décembre 1905.

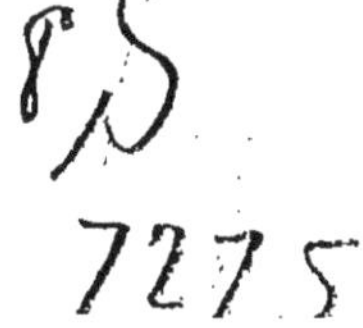

STUD BOOK FRANÇAIS

REGISTRE

DES

CHEVAUX DE DEMI-SANG

NÉS ET IMPORTÉS EN FRANCE

Publié par ordre de M. le Ministre de l'Agriculture.

SECTION NORMANDE

TOME V. — ÉTALONS

(1902-1905)

Prix : 4 Francs

PARIS

EN VENTE A L'IMPERIE KUGELMANN

12, Rue de la Grange-Batelière, 12

1906

Reproduction interdite.

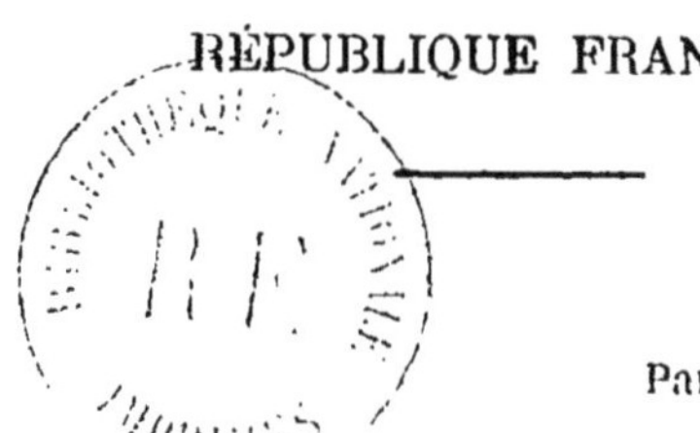

Paris, le 30 avril 1887.

RAPPORT

A MONSIEUR LE MINISTRE DE L'AGRICULTURE

—

Monsieur le Ministre,

L'Administration des Haras a reconnu de tout temps la nécessité de tenir grand compte, dans les accouplements, de l'origine et de la généalogie des étalons et des juments livrés à la reproduction. Elle a toujours considéré que l'adoption de ce principe était la base la plus sûre pour poursuivre utilement l'amélioration des races chevalines.

Dès 1833, elle provoquait une ordonnance « portant établissement d'un registre matricule pour l'inscription des chevaux de race pure existant en France *(Stud Book français)* et institution d'une Commission spéciale pour la tenue de ce registre ».

Cette publication a été continuée, sans interruption, depuis cette époque, et la Commission instituée par l'ordonnance précitée fonctionne chaque année pour l'examen des titres produits à l'appui des demandes d'inscription. Aucune inscription n'est faite si elle n'a été proposée à M. le Ministre de l'Agriculture par cette Commission.

Parmi les dispositions arrêtées par le Ministre du Commerce (qui avait alors le service des Haras dans ses attributions), sur la proposition de la Commission du registre matricule, pour l'exécution de l'ordonnance du 3 mars 1833, figurait le paragraphe suivant : « Un registre matricule pourra être établi, à l'avenir, pour l'inscription des chevaux provenant du croisement des races pures avec d'autres races, lorsque ce croisement sera parvenu à un degré qui sera ultérieurement déterminé. »

En 1850, la Direction du service fut d'avis que le moment était venu de donner suite à cette disposition spéciale. Des instructions ministérielles en date du 15 juillet de la même année prescrivirent l'ouverture, au dépôt d'étalons de Tarbes, par les soins du personnel de cet établissement, d'un registre matricule pour l'inscription des poulinières d'élite du département des Hautes-Pyrénées et plus particulièrement encore celles de la plaine de Tarbes, siège de la race bigourdane améliorée.

Ce registre, destiné à constater l'importance de la nouvelle famille, devait en former les archives sommaires et authentiques, et offrir plus tard des matériaux pleins d'intérêt à l'histoire physiologique de la production du cheval dans cette partie de la France.

Les éleveurs, informés du désir qu'avait l'Administration de constater, dans un livre officiel, l'existence des juments de choix, reconnurent l'utilité de ce travail et fournirent, avec empressement, des renseignements pour l'inscription d'un grand nombre d'animaux.

Le travail, complètement terminé dans le courant de 1851, fut livré à l'impression par ordre du Ministre de l'Agriculture et du Commerce à la fin de la même année, sous le titre suivant : *État civil de la race bigourdane améliorée.*

Le 15 juillet 1850, le Directeur du haras du Pin recevait, comme son collègue du dépôt de Tarbes, des instructions ministérielles relativement à la rédaction d'un

Stud Book spécial de la race chevaline normande améliorée. En exécution de ces ordres, des recherches furent faites sans interruption, à partir de cette époque, afin de recueillir tous les documents nécessaires pour mener à bonne fin cette délicate et très difficile mission.

Les renseignements fournis par les éleveurs de la circonscription ont été rapprochés des documents consignés dans les archives du dépôt du Pin et contrôlés avec le plus grand soin. Le travail préparatoire a été terminé le 22 mars 1853, et une décision ministérielle du 19 avril suivant a approuvé les bases adoptées pour sa rédaction.

Le *Stud Book normand*, définitivement clos le 25 juin 1853, contenait 1.196 noms, savoir : 260 étalons, 411 poulinières et 525 produits de divers âges. Il fut adressé à M. le Ministre de l'Agriculture et du Commerce, qui voulut bien faire connaître sa satisfaction au sujet de ce travail.

L'impression de ce document important était admise en principe et annoncée aux éleveurs. Divers motifs en retardèrent la publication, qui fut définitivement ajournée : elle n'a pas été faite au grand regret des intéressés, qui ont été unanimes à reconnaître que cette mesure était très préjudiciable au progrès de l'amélioration de la race chevaline anglo-normande.

Une étude spéciale des origines de la famille chevaline vendéenne a été faite en 1868 et 1869, avec l'autorisation du Ministre, par l'inspecteur général qui était chargé à cette époque de l'arrondissement de l'Ouest.

Ce travail devait se diviser en deux parties : la première contenant le recueil généalogique des étalons employés à la reproduction dans les départements de la Vendée et de la Loire-Inférieure depuis 1839; la seconde était destinée aux poulinières de la même région et à leurs produits. Il était terminé en avril 1869 et soumis à l'Administration supérieure, qui voulut bien l'approuver et en décider la publication.

Le premier volume de l'ouvrage, qui reçut le titre de « chevaux vendéens », a été imprimé dans le cours de cette même année : il contenait l'origine de 369 étalons. Ce livre, tiré à plusieurs centaines d'exemplaires, a été distribué à tous les éleveurs de la région.

Les événements de 1870 ont arrêté la publication du recueil généalogique des poulinières, qui renfermait 257 juments et 158 produits.

L'essor de la production et de l'amélioration des diverses familles de demi-sang, amené par le fonctionnement de la loi organique de 1874 sur les Haras, rend nécessaire la reprise et la continuation de ces registres généalogiques.

Leur établissement a fait l'objet d'un vœu du Conseil supérieur des Haras ; les éleveurs attendent avec impatience cette nouvelle consécration de leurs efforts, et l'Administration des remontes militaires attache à cette œuvre la plus haute importance. Elle a la ferme conviction qu'elle y puisera des renseignements précieux, au point de vue de la production du cheval de guerre, sur les ressources hippiques des grands centres d'élevage de la France.

Les nations voisines se sont depuis longtemps préoccupées de cette question : c'est ainsi que la Prusse a établi un *Stud Book* très intéressant de la race Trakehnen ; que l'Autriche a fondé celui des chevaux de Lippiza ; qu'aux États-Unis la liste complète et spéciale des trotteurs joue un rôle des plus importants, et, enfin, qu'en Angleterre et en Belgique, on a jugé indispensable d'ouvrir des registres pour l'inscription des sujets de races de trait.

Pour maintenir la France à la hauteur de sa prospérité chevaline, j'ai l'honneur de vous prier de vouloir bien décider que les travaux antérieurs seront repris et arrêter que des *Stud Book* spéciaux pour les familles de demi-sang de races améliorées seront établis et continués par les soins de l'Administration des Haras, qui demeurera chargée de les publier, pour les diverses régions, dans des conditions analogues au *Stud Book* des races pures.

Afin d'étudier les meilleures mesures à prendre pour la rédaction de ce travail et dans le but de lui donner une base régulière et uniforme, j'ai l'honneur de vous proposer de former une Commission composée de membres dont les connaissances spéciales permettraient de fixer les diverses conditions à adopter comme point de départ.

Si vous voulez bien approuver le présent rapport, je vous serai obligé de le revêtir de votre signature, ainsi que l'arrêté ci-joint portant formation de la Commission.

Veuillez agréer, Monsieur le Ministre, l'hommage de mon respectueux dévouement.

Le Directeur des Haras,

H. DE CORMETTE.

Approuvé :

Le Ministre,

J. DÉVELLE.

ARRÊTÉ

Le Ministre de l'Agriculture.

Vu l'ordonnance du 3 mars 1833, portant établissement d'un registre matricule pour l'inscription des chevaux de race pure :

Vu le dernier paragraphe de l'arrêté pris par le Ministre du Commerce, en exécution de ladite ordonnance ;

Considérant qu'il y a lieu, par suite, d'ouvrir, pour la conservation des races améliorées de demi-sang dans les centres les plus importants d'élevage, un registre généalogique qui établisse leur confirmation,

Arrête :

Article premier.

L'Administration des Haras est chargée d'établir, de continuer et de publier des *Stud Book* spéciaux pour les familles de demi-sang.

Art. 2.

(Suit la désignation des membres composant la Commission.)

Paris, le 30 avril 1887.

J. Develle.

DÉCISIONS DE LA COMMISSION

La Commission du *Stud Book* de demi-sang s'est réunie les 27 mai 1887, 13 juin 1890 et 21 avril 1891. Elle a émis les vœux suivants qui ont été adoptés par M. le Ministre, et à la suite desquels des instructions ont été données à MM. les Directeurs des dépôts d'étalons pour l'établissement des inscriptions :

. . . .

« Il ne sera ouvert qu'un seul *Stud Book* des chevaux de demi-sang. »

. . . .

« Le *Stud Book* sera divisé en six sections, savoir :
« Section normande.
« Section bretonne.
« Section vendéenne et charentaise.
« Section du Midi.
« Section du Centre.
« Section du Nord et de l'Est. »

. . . .

« Seront inscrits aux diverses sections du *Stud Book* des chevaux de demi-sang :
« 1° Les animaux qui, nés avant 1882, auront du côté paternel et du côté maternel un ascendant de pur sang ou de demi-sang ;
« 2° Les animaux qui, nés depuis 1882, auront du côté paternel et du côté maternel deux ascendants de pur sang ou de demi-sang. »

. . . .

« Seront inscrits d'office tous les étalons de demi-sang qui appartiennent ou qui ont appartenu à l'État et les étalons approuvés de même catégorie, lors même qu'ils ne rempliraient pas les conditions ci-dessus. »

« Les étalons et les juments seront inscrits dans la section du pays où ils produisent.

« Les produits seront inscrits dans la section du pays où ils sont nés. »

« Aucun animal ne pourra être inscrit s'il ne porte un nom. »

« Les étalons de pur sang qui ont concouru à la formation de la famille seront rappelés dans un appendice placé à la fin du volume.

« Seront également inscrits dans un appendice spécial, les étalons de demi-sang qui ont marqué, avant 1840, dans les fastes de la production chevaline. »

ABRÉVIATIONS

H. N. .... Haras Nationaux.
Al .... Alezan.
Aub .... Aubère.
B. .... Bai.
Bb. .... Bai brun.
Bl .... Blanc.
C. L. .... Café au lait.
F. P .... Fleur de Pêcher.
Gr .... Gris.
Is .... Isabelle.
N .... Noir.
P .... Pie.
Ro .... Rouan.
P. S. A .... Pur-sang anglais.
P. S. Ar .... —   arabe.
P. S. A.-A .... —   anglo-arabe.
1/2 s .... Demi-sang.
1/2 s. A .... —   anglais.
1/2 s. Al .... —   allemand.
1/2 s. Am .... —   américain.
1/2 s. Ar .... —   arabe.
1/2 s. A.-A .... —   anglo-arabe.
1/2 s. A.-N .... —   anglo-normand.
1/2 s. N .... —   normand.
1/2 s. Br .... —   breton.
1/2 s. Big .... —   bigourdan
1/2 s. Char .... —   charentais.
1/2 s. V .... —   vendéen.
1/2 s. L .... —   limousin.
1/2 s. M .... —   du Midi.
1/2 s. Norf .... —   norfolk.
1/2 s. Norf-Ang .... —   norfolk-anglais.
1/2 s. Norf.-Br .... —   norfolk-breton.
1/2 s. R .... —   russe.
1/2 s. Orl .... —   orloff.
1/2 s. Meck .... —   mecklembourgeois.
1/2 s. Carr .... —   carrossier.
S. B. F., t.   , p. .. Stud Book français, tome   , page .
S. B. A., t.   , p. .. Stud Book anglais, tome   , page .
S. R. .... Sans renseignements.
S. B. N., t.   , p. .. Stud Book normand, tome   , p. .
S. B. V., t.   , p. .. Stud Book vendéen, tome   , page .
S. B. Br., t.   , p. .. Stud Book breton, tome   , page .
S. B. M., t.   , p. .. Stud Book du midi, tome   , page .

PREMIÈRE PARTIE

ÉTALONS

SECTION NORMANDE

ETALONS

(1902-1905)

*Circonscriptions des Dépôts d'Étalons du Pin
et de Saint-Lô.*

DÉPARTEMENTS :

EURE, ORNE, SEINE, SEINE-ET-OISE, SEINE-INFÉRIEURE,
SARTHE (cantons de la Fresnaye et de Saint-Paterne), CALVADOS,
MANCHE.

1°

ÉTALONS

NÉS DANS LES CIRCONSCRIPTIONS DU PIN ET DE SAINT-LO

(1902-1905)

ÉTALONS

Nés dans les Circonscriptions du Pin et de Saint-Lô

ABATUCCI. — H. N.
B. 1900. — Manche.
Par *Chandernagor*, P. S. A., et *Norma*, par Follet, 1/2 s. N.
Sa grand'mère : Bijou, par Noirmont, 1/2 s. N. (approuvé).
Sa bisaïeule : par Égesippe, 1/2 s. N.
Saint-Lô ; depuis 1904.

ABDEL-KADER (approuvé), — M. Bonpain, 1882 ;
M. Duvet, 1896 (Calvados).
Bb. 1878. — Manche.
Par *Ignoré*, 1/2 s. N., et une fille de Forey, 1/2 s. N.
Sa grand'mère : fille de Priam, 1/2 s. N.
Saint-Lô : 1882-1901. — Réformé après la monte.

ABOUKIR (approuvé). — M. Renault-Manuel (Manche).
Bb. 1900. — Calvados.
Par *Orient*, 1/2 s. N., et *Ravenne*, par Hécla, 1/2 s. N.
Sa grand'mère : Lancastre, par *Franch-Allisson*, 1/2 s. Am
Sa bisaïeule : fille de Kentucky, 1/2 s. N.
Saint-Lô ; 1904.

ABRAN, ex-**ABRANTES**. — H. N.
B. 1900. — Manche.
Par *Niais*, 1/2 s. N.
Saint-Lô : 1904. — Réformé le 5 août 1904.

ABRUTI (approuvé). — M. E. Dupont (Orne).
B. 1900. — Normandie.
Par *Offenbach*, 1/2 s. N., et *Petiote*, par Havas, 1/2 s. N.

Sa grand'mère : Frisette, par Phaéton, 1/2 s. N.
Sa bisaïeule : Conquête, par Général, 1/2 s. N.
Sa trisaïeule : N., par Tipple-Cider, P. S. A.
Le Pin : depuis 1904.

ACACIA (approuvé). — M. Laffitte (Calvados).
Bb. 1900. — Normandie.
Par *Neuilly*, 1/2 s. N., et *Orpheline*, par Harley, 1/2 s. N.

Sa grand'mère : Bijou, par Ugolin, 1/2 s. N.
Sa bisaïeule : par Lagopède, 1/2 s. N.
Le Pin : depuis 1905.

ACCIPITER. — H. N.
N. 1900. — Sarthe.
Par *Narcisse*, 1/2 s. N., et *Olympia*, par Qu'y-Met-on, 1/2 s. N.

Sa grand'mère : Kama, par Beaugé, 1/2 s. N.
Saint-Lô : depuis 1904.

ACCUEIL. — H. N.
N. 1900. — Manche.
Par *Roger*, 1/2 s. N., et *Cocotte*, par Darnetal, 1/2 s. N.

Sa grand'mère : Lapin, par Lansborn, 1/2 s. N. (approuvé).
Sa bisaïeul : par Luther, 1/2 s. N. (approuvé).
Saint-Lô : depuis 1904.

ACHAT. — H. N.
N. 1900. — Manche.
Par *Qui-Sait*, 1/2 s. N., et *Fleur-de-Mai*, par Lilas, 1/2 s. N.

Sa grand'mère : Quality, par Quality, 1/2 s. N.
Sa bisaïeule : Rachel, par Ignoré, 1/2 s. N.
Sa trisaïeule : Rosette, par Pater, 1/2 s. N.
Sa quadrisaïeule : Henriette, par Sir-Henry, 1/2 s. N.
Saint-Lô : depuis 1904.

ACQUEDUC (accepté). — M. Desmoties (Manche).
B. 1900. — Manche.
Par *Guerroyeur*, 1/2 s. N.
Saint-Lô : depuis 1905.

ACTE, ex-**ACTÉON**. — H. N.
B. 1900. — Calvados.
Par *Ibis*, 1/2 s. N., et *Jeannette*, par Phaëton, 1/2 s. N.
Sa grand'mère : Gazelle, par Noville, 1/2 s. N.
Sa bisaïeule, par Tamerlan, 1/2 s. N.
Saint-Lô : depuis 1904.

ADAMASTER. — H. N.
Al. 1900. — Calvados.
Par *Petiville*, 1/2 s. N., et *Katmie*, par Lavater, 1/2 s. N.
Sa grand'mère : Deuil, par Normand, 1/2 s. N.
Sa bisaïeule : Harriett, P. S. A., par Charlatan,
Saint-Lô : depuis 1904.

ADILLY, ex-**ADJUDANT**. — H. N.
B. 1900. — Orne.
Par *Nizam*, 1/2 s. N., et *Satinette*, par Juvigny, 1/2 s. N.
Sa grand'mère : Glaneuse, par Parthenon, 1/2 s. N.
Saint-Lô : depuis 1904.

ADMETH (accepté). — M. Guilbert (Amand) (Calvados).
Bb. 1900. — Manche.
Par *Forban*, 1/2 s. N. (approuvé).
Saint-Lô : depuis 1904.

ADON, ex-**ADJUDANT**. — H. N.
B. 1900. — Manche.
Par *Roger*, 1/2 s. N., et *Sorcière*, par Dominant, 1/2 s. N
Sa grand'mère : Brunette, par Ray-Grass, 1/2 s. N.
Sa bisaïeule : par Schiller, 1/2 s. N.
Sa trisaïeule : par Daniel, 1/2 s. N.
Le Pin : 1904. — Réformé le 3 août 1904.

ADOPTIF (accepté). — M. Charles Mottin, (Manche).
B. 1900. — Manche.
Par *Fontainebleau*, 1/2 s. N., et *Mignonne*, 1/2 s. N.
Saint-Lô : 1904. — Non représenté.

AGEN, ex-**AGENDA**
B. 1900. —Manche.
Par *Persévérant* ou *Norodum*, 1/2 s. N., et *Revenche*,
par Ministère, P. S. A.
Sa grand'mère : par Ugolin, 1/2 s. N.
Saint-Lô : depuis 1904.

AGNAC, ex-**AGÉSILAS**. — H. N.
N. 1900. — Manche.
Par *Norodum*, 1/2 s. N., et *Sourie*, par Frondeur, 1/2 s. N.

Sa grand'mère : Jaseuse, par Indo-Chine, 1/2 s. N.
Sa bisaïeule : Volante, par Regnard, 1/2 s. N.
Sa trisaïeule : Volante, par Nicanor, 1/2 s. N.
Sa quadrisaïeule : *Sophie*, par Fire-Away, 1/2 s. A.
Saint-Lô : depuis 1904.

AIBRE, ex-**AIGLON**. — H. N.
N. 1900. — Manche.
Par *Harley*, 1/2 s. N., et *Negrine*, par Fred-Archer, 1/2 N.
Sa grand'mère : Lavater, par Lavater, 1/2 s. N.
Saint-Lô : depuis 1904.

AIGLON. — H. N.
Bb. 1900. — Manche.
Par *Narquois*, 1/2 s. N., et *Nisquette*, par Colporteur, 1/2 s. N.
Sa grand'mère : Levantine, par Lavater, 1/2 s. N.
Sa bisaïeule, par The Heir-of-Linne, P. S. A.
Le Pin : depuis 1904.

AIGLUN, ex-**AIGLON**. — H. N.
A1. 1900. — Manche.
Par *Qui-Donc*, 1/2 s. N., et *Charmante*, par Regnard, 1/2 s. N,
Sa grand'mère : Volante, par Ignorée, 1/2 s. N.
Sa bisaïeule : Castille, par Lothaire, 1/2 s. N. (approuvé),
Sa trisaïeule : par Horatius, 1/2 s. N.
Saint-Lô : depuis 1904.

AIGU, ex-**AIGLON**. — H. N.
Bb. 1900. — Orne.
Par *Juvigny*, 1/2 s. N., et *Ellora*, par Phaëton, 1/2 s. N.
Sa grand'mère : Juliana, par Elu, 1/2 s. N.
Sa bisaïeule : par Gaulois, 1/2 s. N.
Saint-Lô : depuis 1904.

AINSI-SOIT-IL. — H. N.
Al. 1900. — Manche.
Par *Farnèse*, 1/2 s. N., et *La Madeleine*, par Jaconas, 1/2 s. N.
Sa grand'mère : Bergère, par Utrecht, 1/2 s. N.
Sa bisaïeule : Charmante, par Régnard, 1/2 s. N.
Sa trisaïeule : Volante, par Ignoré, 1/2 s. N.
Sa quadrisaïeule : Castille, par Lothaire, 1/2 s. N. (approuvé).
6e degré : N., par Horatius, 1/2 s. N. (approuvé).
Saint-Lô : depuis 1904.

AÏTZINAGO. — H N.
Al. 1900. — Seine-Inférieure.
Par *James-Watt*, 1/2 s. N., et *Notre-Dame*, par Fuschia, 1/2 s. N.
Sa grand'mère : Paysanne, par Commandant, 1/2 s. N.
Saint-Lô : depuis 1904.

AJAX. — H. N.
Bb. 1895. — Orne.
Par *Kalmia*, 1/2 s. N., et *Ino*, par Valdempierre, 1/2 s. N.
Sa grand'mère : par Affidavit, P. S. A.
Saint-Lô : depuis 1900.

ALAMBRA, — H. N.
Al. 1900. — Calvados.
Par *Quartier-Maître*, 1/2 s. N., et *Fée*, par Tigris, 1/2 s. N.
Sa grand'mère : Alice, P. S. A.
Le Pin : depuis 1904.

ALBIGÈS, ex-**ALBI**. — H. N.
Bb. 1900. — Manche.
Par *Quartier-Maître*, 1/2 s. N., et *Castille*, par Figuier, 1/2 s. N.
Sa grand'mère : Cocotte, par Nagel, 1/2 s. N.
Sa bisaïeule : par Laboureur, 1/2 s. N.
Sa trisaïeule : par Guelfe, 1/2 s. N.
Saint-Lô : depuis 1904.

ALCADE, ex-**ALLEGRO**. — H. N.
B. 1900. — Orne.
Par *Fuschia*, 1/2 s. N., et *La Patti*, par Acquila, 1/2 s. N

Sa grand'mère : Dame-Blanche, par Normand, 1/2 s. N.
Sa bisaïeule : Eglantine, par Interprète, 1/2 s. N.
Sa trisaïeule : par Wanderer, 1/2 s. A.
Sa quadrisaïeule : par Lucain, 1/2 s. N.

Le Pin : depuis 1904.

ALCALI. — H. N.
B. 1900. — Orne.
Par *Fuschia*, 1/2 s. N., et *Philippine*, par Cherbourg, 1/2 s. N.
Sa grand'mère : Célimène, par Niger, 1/2 s. N.
Saint-Lô : depuis 1904.

ALDERAME (approuvé).
M. E. Dupont (Orne), 1904. — M. Lechaptois (Manche), 1905.
B. 1900. — Normandie.
Par *Juvigny*, 1/2 s. N., et *Gabrielle*, par Edimbourg, 1/2 s. N.

Sa grand'mère : Odalisque, par Hidalgo ou Racoleur, 1/2 s. N.
Sa bisaïeule : Pauline, par Tamberlik, P. S. A.
Sa trisaïeule : par Paradis, 1/2 s. N.
Sa quadrisaïeule : par Schamyl, P. S. A.
5e degré : par Faliéro, 1/2 s. N.
6e degré : par Heros, 1/2 s. N.
Le Pin : 1904. — Saint-Lô : depuis 1905.

Le Pin : 1904. — Saint-Lô : depuis 1905.
ALENÇON. — H. N.
B. 1900. — Orne.
Par *Fuschia*, 1/2 s. N., et *Minute*, par Phaëton, 1/2 s. N.

Sa grand'mère : Voltigeuse, par Parthénon ou Gall, 1/2 s. N.
Sa bisaïeule : Belle-de-Jour, par Inkermann, 1/2 s. N.
Sa trisaïeule : par Tipple-Cider, P. S. A.
Sa quadrisaïeule : par Eylau, P. S. A. Ar.
Le Pin : depuis 1904.

ALÉRION. — H. N.
Bb. 1900. — Orne.
Par *Fuschia* 1/2 s., N., et *Narcisse*, par Cherbourg, 1/2 s. N.
Sa grand'mère : Fauvette, par Phaëton, 1/2 s. N.
Saint-Lô : depuis 1905.

ALFORT, ex-ALPHA. — H. N.
B. 1900. — Orne.
Par *Renfort* 1/2 s. N., et *Quadriflore*, par Nabuccho, 1/2 s. N.
Sa grand'mère : Serbia, par Marignan, 1/2 s. N.
Saint-Lô : depuis 1904.

ALGER. — H. N.
B. 1900. — Orne.
Par *Oran*, 1/2 s. N., et *Renommée*, par Nabucho, 1/2 s. N.
Sa grand'mère : *Diane*, par Edimbourg, 1/2 s. N.
Sa bisaïeule : par Phaëton, 1/2 s. N.
Saint-Lô : depuis 1904.

ALI-BABA (approuvé). — M. Josseaume (Manche).
Al. 1900. — Calvados.
Par *Mahomet II*, 1/2 s. N., et *Lisette*, par Valère, 1/2 s. N.
Sa grand'mère : Coquette, par Narval, 1/2 s. N.
Saint-Lô : depuis 1904.

ALORS, ex-ALI-BABA. — H. N.
B. 1900. — Orne.
Par *Nabucho*, 1/2 s. N., et *Navette*, par *Elan*, 1/2 s. N. (approuvé).
Sa grand'mère : Fanfaronne, par Valdempierre, 1/2 s. N.
Saint-Lô : depuis 1904.

ALTO. — H. N.
Al. 1900. — Orne.
Par *Pompeï*, 1/2 s. N., et *Phœbé*, par Phaëton, 1/2 s. N.
Sa grand'mère : Italienne, par Valdempierre, 1/2 s. N.
Saint-Lô : depuis 1905.

ALTO, ex-ALPAGA. — H. N.
B. 1900. — Manche.
Par *Russifer*, 1/2 s. N., et *Opération*, par Darnetal, 1/2 s. N.
Sa grand'mère : La Petite, par O'Connell, 1/2 s. N. (approuvé).
Sa bisaïeule : par Uzel, 1/2 s. N. (approuvé).
Le Pin : depuis 1904.

AMANDIN, ex-AMANDIER. — H. N.
B. 1900. — Manche.
Par *Oudinot* 1/2 s. N., et *Secourable*, par Laurier, 1/2 s. N.

Sa grand'mère : Castille, par Jamais, 1/2 s. N.
Sa bisaïeule : Blanc-Pied, par Fontenoy, 1/2 s. N. (approuvé).

Saint-Lô : depuis 1904.

AMEL, ex-ARCHIDUC. — H. N.
Bb. 1900. — Calvados.
Par *Rostheneuf*, 1/2 s. N., et *Ramille*, par Farnèse, 1/2 N.

Sa grand'mère : Margot, par Tourville, 1/2 s. N.
Sa bisaïeule : Ramville, par Nelusko, 1/2 s. N.
Sa trisaïeule : Cocotte, par Malakoff, 1/2 s. N.

Saint-Lô : 1904. — Réformé le 5 août.

AMFRÉVILLE. — H. N.
Al. 1900. — Calvados.
Par *Harley*, 1/2 s. N., et *Fauvette V*, par Niger, 1/2 s. N.

Sa grand'mère : Marinette, par Tamberlick, P. S. A.
Sa bisaïeule : par Y. Phœnomenon, 1/2 s. A.
Sa trisaïeule : par Dorus, 1/2 s. N.
Sa quadrisaïeule : par Introuvable, 1/2 s. N.

Le Pin : 1904-1905. — Réformé le 1er août.

AMOUREUX ex-AMFRÉVILLE. — H. N.
B. 1900. — Manche.
Par *Intrépide*, 1/2 s. N., et *Constantine*, par Alsacien, 1/2 s. N.

Sa grand'mère : Minuit, par Esbly, 1/2 s. N.
Sa bisaïeule : Cocotte, par Nagel, 1/2 s. N.
Sa trisaïeule : fille de Volant, 1/2 s. N.

Saint-Lô : 1904. — Réformé le 5 août.

AMPHI, ex-AMULIO. — H. N.
B. 1900. — Sarthe.
Par *Iambe* ou *Jeune-Toujours*, 1/2 s. N., et *Régale*,
par Juvigny, 1/2 s. N.

Sa grand'mère : Sureite, par Kilomètre, 1/2 s. N.
Sa bisaïeule : par Jericko, 1/2 s. N.

Saint-Lô : depuis 1904.

AMPLE, ex-AMATEUR. — H. N.
Al. 1901. — Orne.
Par *Montjoie*, 1/2 s. N., et *Mademoiselle-de-Saint-Quentin*,
par Louqsor, 1/2 s. N.
Sa grand'mère : Lisette, par Adjudant, 1/2 N.
Compiègne : 1904. — Saint-Lô : depuis 1905.

AMPUIS, ex-AMEN. — H. N.
B. 1900. — Manche.
Par *Norodum*, 1/2 s. N., et *Sans-Tâche*, par Japhet, 1/2 s. N.
Sa grand'mère : Rosette, par Quinte-Curce, 1/2 s. N.
Sa bisaïeule : par Truplu, 1/2 s. N.
Le Pin : depuis 1904.

AMUSANT. ex-AMADIS.
B. 1900. — Manche.
Par *Outremer*, 1/2 s. N., et *Rustique*, par Kioto, 1/2 s. N.
Sa grand'mère : Joyeuse, par Tourville, 1/2 s. N.
Sa bisaïeule : par l'Incroyable, P. S. A. (approuvé).
Le Pin : depuis 1904.

ANCOURT, ex-ABANCOURT. — H. N.
B. 1900. — Seine-Inférieure.
Par *Cherbourg*, 1/2 s. N., et *Ablette*, par Dictateur II, 1/2 s. N.
(approuvé).
Sa grand'mère : par Vignemale, 1/2 s. N.
Saint-Lô : depuis 1904.

ANDÉOL, ex-AGNEAU. — H. N.
B. 1900. — Manche.
Par *Farnèse*, 1/2 s. N. et *Sincère*, par Kabak, 1/2 s. N.
Sa grand'mère : Cocotte, par Matinal, 1/2 s. N. (approuvé).
Saint-Lô : depuis 1904.

ANNEAU, ex-ANNIBAL. — H. N.
N. 1900. — Orne.
Par *Juvigny*, 1/2 s. N., et *Monita*, par Ciceron II, 1/2 s. N.
Sa grand'mère : Miss-Wilna, par Phaéton, 1/2 s. N.
Sa bisaïeule : Sultane, par Gaulois, 1/2 s N.
Sa trisaïeule : par Destin, 1/2 s. N.
Sa quadrisaïeule : par Tipple-Cider. P. S. A.
5e degré : par Xerxès, 1/2 s. N.
Le Pin : depuis 1904.

ANTÈS, ex-**ABRANTES**. — H. N.

N. 1900. — Manche.

Par *Quartier-Maître*, 1/2 s. N., et *Kaiserin*, par Bataillon, 1/2 s.N.

Sa grand'mère : Gaudriole, par Washington, 1/2 s. Al.
Sa bisaïeule : par Trip, 1/2 s. A.

Saint-Lô : depuis 1904.

ANTIPODE (accepté). — M. Louis Travers (Manche).

B. 1889. — Manche.

Par *Antipode*, 1/2 s. N. (approuvé).

Saint-Lô : depuis 1894.

APIS (approuvé). — M. Cornille (Louis) (Manche).

Al. 1900. — Calvados.

Par *Lemnos*, 1/2 s. N., et *Duchesse*, par Oriental, 1/2 s. N.
(approuvé).

Sa grand'mère : Marquise, par Raifort, 1/2 s. N.
Sa bisaïeule : par Elu, 1/2 s. N.

Saint-Lô : depuis 1904.

APPEVILLE (accepté). — M. Dupont (Orne).

Bb. 1901. — Normandie.

Par *Offenbach*, 1/2 s. N., et N., par Kiffis, 1/2 s. N.

Le Pin : depuis 1904.

APYRE. — H. N.

Al. 1900. — Manche.

Par *Neris*, 1/2 s. N., et *Polissonne*, par Gasparin, 1/2 s. N.

Saint-Lô : depuis 1904.

AQUIN, ex-**ARLEQUIN**. — H. N.

B. 1900. — Manche.

Par *Laurier*, 1/2 s N., et *Soumise*, par Miracle, 1/2 s. N.

Sa grand-mère : Berjot, par Quinola, 1/2 s. N. (approuvé).
Sa bisaïeule : par Negro, 1/2 s. N (approuvé).

Saint-Lô : depuis 1904.

ARAMIS (approuvé). — M. Lemonnier, 1890 (Calvados).

M. Vandy (Léon), 1904 (Calvados)

Al. 1884. — Normandie

Par *Hippomène*, 1/2 s. M., et *Sylvia*, par Conquérant, 1/2 s. N.

Sa grand'mère : Fridoine, par Schamyl, P. S. A.
Sa bisaïeule : Marquise, jument anglaise, fille peut-être de Phœnomenon, 1/2 s. A

Le Pin : 1890-1903. — Saint-Lô : depuis 1904.

ARBANATZ. — H. N.

Al. 1900. — Orne.

Par *Novice*, 1/2 N., et *Kiva*, par Cambronne, 1/2 s. N.

Sa grand'mère : Gazelle, par Elu, 1/2 s. N.

Saint-Lô : depuis 1905.

ARCEAU (approuvé). — M. Cochard (Victor) (Manche).

B. 1900. — Manche.

Par *Ney*, 1/2 s. N., et *Bijou*, par Matinal, 1/2 s. N.

Sa grand'mère : Margot, par Torigny. 1/2 s. N.

Saint-Lô : depuis 1904.

ARCOLE (accepté). — M. Henry (Albert) (Manche).

Bb. 1900. — Manche.

Par *Colporteur*, 1/2 s. N., et *Fifine*, par Kilburn, 1/2 s. N.

Sa grand'mère : Bijou, par Séduisant, 1/2 s. N. (approuvé).
Sa bisaïeule : par Dimanche, 1/2 s. N. (approuvé).

Saint-Lô : 1904.

ARDEN. — H. N.

Al. 1900. — Orne.

Par *Moonlighter*, 1/2 s. N. (approuvé), et *Dora*, par Oriental, 1/2 s. N.

Sa grand'mère : par Niger, 1/2 s. N.

Saint-Lô : depuis 1904.

ARDOISÉ. — H. N.

Ro. 1900. — Calvados.

Par *Révérend*, 1/2 s. N., et *Lisette*, par Mahomet II. 1/2 s. N.

Saint-Lô : depuis 1904.

ARION, ex-ALÉRION. — H. N.

Al. 1900. — Calvados.

Par *Oranger*, 1/2 s. N., et *Souveraine*, par Galba, 1/2 s. N.

Sa grand'mère : Kermesse, par Tigris, 1/2 s. N.
Sa bisaïeule : par Conquérant, 1/2 s. N.

Saint-Lô : depuis 1904.

ARMAGICIEN (accepté). — M. Loslier (Auguste) (Manche).

Al. 1900. — Manche.

Par *Pif*, 1/2 s. N., et *Farinette*, par Épi, 1/2 s. N.

Sa grand'mère : Mina, par Écran, 1/2 s. N.
Sa bisaïeule : par Quine, 1/2 s. N. (approuvé).
Sa trisaïeule : par Lagopède, 1/2 s. N.

Saint-Lô : depuis 1904.

ARMÉNIEN. — H. N.

N. 1900. — Calvados.

Par *Revigny*, 1/2 s. N., et *Riante*, par Lancloff ou Iambe, 1/2 s. N.

Sa grand'mère : Helvetia, par Usquebac, 1/2 s. N.
Sa bisaïeule : par Inkermann, 1/2 s. N.

Le Pin : depuis 1904.

ARNOULT, ex-ARCOLE. — H. N.

B. 1900. — Manche.

Par *Quiloa*, 1/2 s. N., et *Roturière*, par Farnèse, 1/2 s. N.

Sa grand'mère : Brunette, par Céladon, 1/2 s. N.
Sa bisaïeule : Rosette, par Paladin, P. S. A.
Sa trisaïeule : par Beaumanoir, 1/2 s. N.

Saint-Lô : depuis 1904.

AROMATE (approuvé). — M. Cochard (Alb.) (Manche).

B. 1900. — Manche.

Par *Rostheneuf*, 1/2 s. N., et *Sauve*, par Kilburn, 1/2 s. N.

Sa grand'mère : *Norma*, par Tourville, 1/2 s. N.
Sa bisaïeule : Brebis, par Ronceveaux, 1/2 s. N. (approuvé).
Sa trisaïeule : par Lothaire, 1/2 s. N.
Sa quadrisaïeule : par Aretin, 1/2 s. N.

Saint-Lô : depuis 1904.

ARPAD. — H. N.

B. 1900. — Manche.

Par *Résultat*, 1/2 s. N., et *Lapin*, par Esbly, 1/2 s. N.

Sa grand'mère : Coquette, par Kabin, 1/2 s. N.
Sa bisaïeule : par Dictateur, 1/2 s. N.

Saint-Lô : depuis 1904.

ARSONVAL, ex-ARDENT. — H. N.

Al. 1900. — Sarthe.

Par *Juvigny*, 1/2 s. N., et *Minerve*, par Edimbourg, 1/2 s. N.

Sa grand'mère : La Sarthoise, par Phaëton, 1/2 s. N.
Sa bisaïeule : Belle-de-Jour, par Inkermann, 1/2 s. N.
Sa trisaïeule : par Tipple-Cider, P. S. A.
Sa quadrisaïeule : par Eylau, P. S. A. Ar.

Le Pin : depuis 1904.

ARSY, ex-ARTOIS. — H. N.

B. 1900. — Orne.

Par *Quintal*, 1/2 s. N., et *Jocaste*, par Edimbourg, 1/2 s. N.

Sa grand'mère : Escapade, par Quiclet. 1/2 s. N.
Sa bisaïeule : Vedette, par Koping, 1/2 s. N.
Sa trisaïeule : par Thésée, 1/2 s. N.
Sa quadrisaïeule : par William, P. S. A.
5e degré : par Héraclius, 1/2 s. N.
6e degré : par Sylvio, P. S. A.

Le Pin : depuis 1904.

ARTÉSIEN. — H. N.

Al. 1900. — Calvados.

Par *Oiseau-Mouche*, 1/2 s. N., et *Georgette*, par Kachemir, 1/2 s. N

Sa grand'mère : Coquette, par Etendard, 1/2 s. N.

Le Pin : 1904-1905. — Mort le 15 juillet 1905.

ARTIFICE, ex-ARISTOCRATE. — H. N.

N. 1900. — Calvados.

Par *Quotidien*, 1/2 s. N.

Le Pin : 1904-1905. — Mort le 16 mai 1905.

ARTIFICIER, ex-ARTISAN. — H. N.

N. 1900. — Orne.

Par *Juvigny*, 1/2 s. N , et *Quinzaine*, par James-Watt, 1/2 s. N.

Sa grand'mère : Georgina, par Trouville, P. S. A.
Sa bisaïeule: Azurine, par Séducteur, 1/2 s. N.
Sa trisaïeule : par Aï, 1/2 s. N.

Le Pin : depuis 1904.

ARTISAN (approuvé). — M. Desgranges (Vict.) (Manche).

B. 1900. — Manche.

Par *Marengo*, 1/2 s. N., et *Cacate*, par Exeat, 1/2 s. N.

Sa grand'mère : Mignonne, par Santerre, 1/2 s. N.
Sa bisaïeule : par Félibien, 1/2 s. N.

Saint-Lô: depuis 1904.

AS-DE-CŒUR. — H. N.

Bb. 1900. — Orne.

Par *Fuschia*, 1/2 s. N., et *Kyrielle*, par Cherbourg, 1/2 s. N.
Sa grand'mère : Théséa, par Phaëton. 1/2 s. N.

Saint-Lô : depuis 1904.

ASPIRANT (accepté). — M. Butel (Manche).

Bb. 1900. — Manche.

Par *Nyabel*, 1/2 s. N.

Saint-Lô : depuis 1905.

ASPIRANT (approuvé). — M. Voisin (Calvados).

N. 1900. — Manche.

Par *Héron*, 1/2 s. N., et *Rapide*, par Forban, 1/2 s. N. (app.)

Saint-Lô : depuis 1904.

ASSIÉGEANT. — H. N.

B. 1900. — Manche.

Par *Mahomet*, 1/2 s. N., et *Quena*, par Jolibois, 1/2 s. N.

Sa grand'mère : Louise-Michelle, par Colporteur, 1/2 s. N.
Sa bisaïeule : Sophie, par Uzerche, 1/2 s. N.
Sa trisaïeule : Quid-Juris, par Quid-Juris, P.S.A.

Saint-Lô : depuis 1904.

ASSOCIÉ, ex-ASTRAKAN. — H. N.

B. 1900. — Orne.
Par *Nabucho*, 1/2 s. N., et *La Veine*, par Echo, 1/2 s. N.
Sa grand'mère : Falafate, par Apis, 1/2 s. N.
Saint-Lô : depuis 1904.

ASTER (approuvé). — M. Lebourier (Manche).

B. 1900. — Manche.
Par *Qui-Donc*, 1/2 s. N., et *Rama*, par Jaconas, 1/2 s. N.
Sa grand'mère : Mouvette, par Célèbre ou Antipode, 1/2 s. N.
(approuvés).
Sa bisaïeule : par Séduisante, 1/2 s. N.
Sa trisaïeule : par Réverdi, 1/2 s. (approuvé).
Saint-Lô : depuis 1904.

ATOUR, ex-ATLANTIC. — H. N.

B 1900. — Calvados.
Par *Oiseau-Mouche*, 1/2 s. N., et *Devinette*, par Hetmann, 1/2 s. N.
Sa grand'mère : Yseult, par Etendard, 1/2 s. N.
Saint-Lô : depuis 1904.

ATOUT (accepté). — M. Risbey (Henri) (Manche).

B. 1900. — Manche.
Par *Phare*, 1/2 s. N., et *Hortense*, par Teinturier, 1/2 s. N.
Sa grand'mère : Trompette, par Guelfe, 1/2 s. N. (approuvé).
Saint-Lô : depuis 1905.

ATRE, ex-ATHOS. — H. N.

Al. 1900. — Orne.
Par *James-Watt*, 1/2 s. N., et *Hélène*, par Gabier. P. S. A.
Sa grand'mère : Lutine, par Usquebac, 1/2 s. N.
Saint-Lô : depuis 1904.

AUBIER, ex-AUCH. — H. N.

B. 1900. — Orne.
Par *Quintal*, 1/2 s. N., et *Passerelle*, par Kiffis, 1/2 s. N.
Sa grand'mère : Kyrielle, par Elan, 1/2 s. N.
Sa bisaïeule : par Marx, 1/2 s. R.
Le Pin : depuis 1904.

AUBIGNY (accepté). — M. Lallouet (Orne).

B. 1900. — Orne.

Par *Quibus*, 1/2 s. N., et *Nubienne*, par Cherbourg, 1/2 s. N.
Sa grand'mère : Eglantine, par Serpolet-Bai, 1/2 s. N.
Sa bisaïeule : Florence, par Gaulois, 1/2 s. N.
Sa trisaïeule : Impérieuse, par Utrecht, 1/2 s. N.
Sa quadrisaïeule : Impérieuse, par Pledge, 1/2 s. N.

Le Pin : depuis 1904.

AUCH. — H. N.

N. 1900. — Calvados.

Par *Revigny*, 1/2 s. N., et *Surprise*, par Jean-de-Nivelle II, 1/2 s. N.
Sa grand'mère : Oletta, par Don Quichotte, 1/2 s. N.

Le Pin : depuis 1904.

AUNAY. — H. N.

B. 1900. — Orne.

Par *James-Watt*, 1/2 s. N., et *Océanie*, par Fuschia, 1/2 s. N.
Sa grand'mère : Nigerine, par Niger, 1/2 s. N.
Sa bisaïeule : par Elu, 1/2 s. N.

Saint-Lô : depuis 1904.

AUNE, ex-PAÜL. — H. N.

B. 1900. — Calvados.

Par *Abd-El-Kader*, 1/2 s. N. approuvé), et *Pomponne*,
par Pré-en-Pail, P.S.A. (approuvé).
Sa grand'mère : Bijou, par Malandrin, 1/2 s. N. (approuvé).

Saint-Lô : depuis 1904.

AUZEBOSC (approuvé). — M. Lechaptois père (Manche).

(Loué par M. Selle, Seine-Inférieure).

B. 1900. — Normandie.

Par *Fushia*, 1/2 s. N., et Cherbourg, 1/2 s. N.

Saint-Lô : depuis 1905.

AVANT-COUREUR (accepté). — M. Lendet (Charles),
(Manche).

Al. 1900. — Manche.

Par *Lykan*, P. S. A., et *Baillette*, par Carrier, 1/2 s. N.

Saint-Lô : 1904. — Non représenté.

AVENT, ex-**ABAVENT**. — H. N.

B. 1900. — Sarthe.

Par *Jambe*, 1/2 s. N.

Le Pin : depuis 1904.

AVIGNON, ex-**AVENIR**. — H. N.

B. 1900. — Calvados.

Par *Orient*, 1/2 s. N., et *Leda*, par Tigris, 1/2 s. N.

Sa grand'mère : Banknote, par Normand, 1/2 s. N.

Sa bisaïeule : par Pretty-Bay, P. S. A.

Saint-Lô : depuis 1904.

AVIS, ex-**AVRIL**. — H. N.

B. 1900. — Calvados.

Par *Protagoras* ou *Oléron*, 1/2 s. N., et *Vigilante*, par Morphée,
1/2 s. N.

Sa grand'mère : N., par Jovial, 1/2 s. N. (approuvé).

Saint-Lô : depuis 1904.

AVISÉ. — H. N.

B. 1900. — Manche.

Par *Nigaud*, 1/2 s. N., et *Kindler II*, par Lavater, 1/2 s. N.

Sa grand'mère : Allumette, par The Heir-of-Linne, P. S. A.

Sa bisaïeule : Kindler, par Eylau, P. S. A. Ar.

Sa trisaïeule : Kindler, 1/2 s. N., par North-Star, 1/2 s. A.

Saint-Lô : depuis 1904.

AVRANCHIN (approuvé).— M. Le Marchand (Victor) (Manche).

B. 1900. — Manche.

Par *Dacapo*, 1/2 s. N., et *J'Arrive*, par Shamrock, 1/2 s. A.

Sa grand-mère : Marron, par Quasi, 1/2 s. N.

Sa bisaïeule : Maron, par Elu, 1/2 s. N.

Saint-Lô : depuis 1904.

AY. — H. N.

B. 1900. — Orne.

Par *Fuschia*, 1/2 s. N., et *Ergoline*, par Echo, 1/2 s. N.

Sa grand'mère : Camélia, par Sir-Quid-Pigtail, P. S. A., ou
Barrabas, 1/2 s. N.

Sa bisaïeule : Cérès, par Urismesnil, 1/2 s. N.

Sa trisaïeule : par Palanquin, 1/2 s. N.

Sa quadrisaïeule : par Centaure, 1/2 s. N.

5e degré : par Valdemar, 1/2 s. N.

6e degré : par Kramer, 1/2 s. N.

Le Pin : depuis 1904.

AZUR. — H. N.

Bb. 1900. — Orne.

Par *Juvigny*, 1/2 s. N., et *Plaisance*, par Fuschia, 1/2 s. N.
Sa grand'mère : Rosière, par Condé, 1/2 s. N.
Sa bisaïeule : Fortuné, par The Norfolk-Phœnomenon, 1/2 s. A.
Sa trisaïeule : par Kramer, 1/2 s. N.
Sa quadrisaïeule : par Doyen, 1/2 s. N.
5e degré : par D.I.O., P. S. A.
6e degré : par King, 1/2 s. N.

BABIOLE (accepté). — M. Vivier (Auguste) (Manche).

B. 1901. — Manche.

Par *Nevers*, 1/2 s. N., et *Espérance*, par Pétrarque, 1/2 s. N.
Saint-Lô : depuis 1905.

BACCA, ex-**BACCARA**. — H. N.

N. 1901. — Calvados.

Par *Revigny*, 1/2 s. N., et *Hortensia*, par Edimbourg, 1/2 s. N.
Sa grand'mère : Hétaïre, par Tigris, 1/2 s. N.
Sa bisaïeule · par Kilomètre, 1/2 s. N.
Saint-Lô : depuis 1905.

BACLEUR, ex-**BALLADEUR**. — H. N.

Al. 1901. — Manche.

Par *Ormeau*, 1/2 s. N., et *Soumise*, par Shamrock. 1/2 s. A.
Sa grand'mère : Labiche, par Ourson, 1/2 s. N. (approuvé).
Sa bisaïeule : par Malandrin, 1/2 s. N. (approuvé).
Sa trisaïeule : par Lajoie, 1/2 s. N. (approuvé).
Saint-Lô : depuis 1905.

BADARD, ex-**BAYARD**. — H. N.

N. 1901. — Orne.

Par *Juvigny*, 1/2 s. N., et *Rêveuse*, par Fuschia, 1/2 s. N.
Sa grand'mère : Minute, par Phaéton, 1/2 s. N.
Sa bisaïeule : par Parthénon ou Gall, 1/2 s. N.
Saint-Lô : depuis 1905.

BAGUENAUDIER. — H. N.

Bb. 1901. — Manche.

Par *Patricien*, 1/2 s. N. (approuvé), et *Castille*, par Fontenay,
1/2 s. N.
Sa grand'mère : par Matinal, 1/2 s. N.
Saint-Lô : depuis 1905.

BAKIN, ex-**KABIN**. — H. N.

B. 1901. — Manche.

Par *Quistenic*, 1/2 s. N., et *Jonquille*, par Alsacien, 1/2 s. N.

Sa grand'mère : Coquette, par Kabin, 1/2 s. N.
Sa bisaïeule : Marmotte, par Dictateur, 1/2 s. N.

Saint-Lô : depuis 1905.

BALAST, ex-**BATACLAN**. — H. N.

N. 1901. — Manche.

Par *Langeac*, 1/2 s. N., et *Bijou*, par Alsacien, 1/2 s. N.

Sa grand'mère : par Harmonieux, 1/2 s. N.
Sa bisaïeule : par Nagel, 1/2 s. N.

Le Pin : depuis 1905.

BALIVEAU. — H. N.

B. 1901. — Manche.

Par *Sidney*, 1/2 s. N., et *Risette*, par Léandre, 1/2 s. N.

Sa grand'mère : Bijou, par Quality, 1/2 s. N.

Saint-Lô : depuis 1905.

BAMBINET, ex-**BAMBIN**. — H. N.

N. 1901. — Orne.

Par *Rocambole II*, 1/2 s. N., et *Savonnette*, par Qu'y-Met-On, 1/2 s. N.

Sa grand'mère : Camélia, par Quiclet, 1/2 s. N.
Sa bisaïeule : par Parthénon, 1/2 s. N.

Le Pin : depuis 1905.

BAMBOC, ex-**BAMBOCHE**. — H. N.

B. 1901. — Manche.

Par *Ruteur*, 1/2 s. N., et *Renommée*, par Marcelet, 1/2 s. N

Sa grand'mère : Follette, par Follet, 1/2 s. N.
Sa bisaïeule : Eliza, par Dollar, 1/2 s. N.
Sa trisaïeule : l'Etoile, par Orphée, 1/2 s. N.
Sa quadrisaïeule : par Auguste, P. S. A.
5e degré : par Léotard, 1/2 s. N.

Le Pin : depuis 1905.

BAMBOCHEUR. — H. N.

Al. 1901. — Orne.

Par *Pompeï*, 1/2 s. N., et *Qui-Qu'en-Groyne*, par James-Watt, 1/2 s. N.

Sa grand'mère : Emerande, par Uriel. 1/2 s. N.
Sa bisaïeule : Uranie, par Niger, 1/2 s. N.
Sa trisaïeule : Dame-de Cœur, par Wildfire, 1/2 s. A.
Sa quadrisaïeule : par Friedland, P. S. A.

Le Pin : depuis 1905.

BAMBOULA (accepté). — M. Le Bacheley (Louis) (Manche).

B. 1901. — Manche.

Par *Rocreu*, 1/2 s. N., et *Quadrille*, par Gourmet, 1/2 s. N.

Sa grand'mère : Lapin, par Caprara, 1/2 s. N.

Saint-Lô : depuis 1905.

BAMBOULA (approuvé). — M. Le Marchand (Manche).

Bb. 1901. — Manche.

Par *Quatre-Sous*, 1/2 s. N., et *Mina*, par Echec, 1/2 s. N.

Saint-Lô : depuis 1905.

BARBANÈGRE. — H. N.

Al. 1901. — Calvados.

Par *Fuschia*, 1/2 s. N., et *Originale*, par Juvigny, 1/2 s. N.

Sa grand'mère : Alice, P. S. A.

Le Pin : depuis 1905.

BARDAS, ex-**BARRAS**. — H. N.

N. 1901. — Manche.

Par *Sidney*, 1/2 s. N., et *Messagère*, par Colporteur, 1/2 s. N.

Sa grand'mère : Coquette, par Ignoré, 1/2 s. N.
Sa bisaïeule : par Pater, 1/2 s. N.
Sa trisaïeule : par Lagopède, 1/2 s. N.

Le Pin : depuis 1905.

BARDE. — H. N.

Al. 1901. — Orne.

Par *Réséda*, 1/2 N. (approuvé), et *Olivette*, par Glaneur ou Phaëton, 1/2 s. N.

Sa grand'mère : Duchesse, par Braconnier, P. S. A.
Sa bisaïeule : Gazelle, par The Norfolk-Phœnomenon, 1/2 s. A.
Sa trisaïeule : Herminie, par Wild-Fire, 1/2 s. A.
Sa quadrisaïeule : par Massoud, P. S. Ar.

Le Pin : depuis 1905.

BARDOU, ex-BALTHAZAR. — H. N.
B. 1901. — Orne.
Par *Rouges-Terres*, 1/2 s. N., et *Béatrix*, par Niger, 1/2 s. N.
Sa grand'mère : par Pledge, 1/2 s. N.
Saint-Lô : depuis 1905.

BARINE ex-BARNUM. — H. N.
B. 1901. — Calvados.
Par *Quotidien*, 1/2 s. N., et *Lisette*, par Carnavalet, 1/2 s. N.
Sa grand'mère : par Socrate, 1/2 s. N.
Saint-Lô : depuis 1905.

BAROMÈTRE. — H. N.
B. 1901. — Calvados.
Par *Kiffis*, 1/2 N., et *Neigeuse*, par Baptiste-Lemore, 1/2 s. N.
Saint-Lô : depuis 1905.

BARRABAS (approuvé). — M. Voisin (Calvados).
Al. 1901. — Calvados.
Par *Grand-Maître*, 1/2 s. N., et *Mignonne*, par Palatin, P. S. A.
Sa grand'mère : Lisette, par Quarteron, 1/2 s. N.
Saint-Lô : depuis 1905.

BARREUR, ex-BARFLEUR. — H. N.
B. 1901. — Manche.
Par *Nemrod*, 1/2 s. N., et *Cocotte*, par Mac-Grégor, 1/2 s. N.
Sa grand'mère : Brebis, par Guelfe, 1/2 s. N. (approuvé).
Saint-Lô : depuis 1905.

BASILAN (approuvé). — M. Le Marchand (Manche).
B. 1901. — Manche.
Par *Kent*, 1/2 s. N.
Saint-Lô : depuis 1905.

BAST, ex-BASTIA. — H. N.
Al. 1901. — Calvados.
Par *Kadmor*, 1/2 s. N.
Le Pin : depuis 1905.

BATACLAN. — H. N.

N. 1901. — Orne.

Par *Juvigny*, 1/2 s. N., et *Radegonde*, par James-Watt, 1/2 s. N.
Sa grand'mère : Fauvette, par Cicéron II, 1/2 s. N.
Sa bisaïeule : par Inkermann, 1/2 s. N.

Saint-Lô : depuis 1905.

BAUDRY, ex-BEAUVOIR. — H. N

Al. 1901. — Orne.

Par *Iambe*. 1/2 N., et *Miss*, par Himalaya, 1/2 s. N.
Sa grand'mère : Mina, par Vorojey, 1/2 s. R. (approuvé).
Saint-Lô : depuis 1905.

BAYARD (accepté). — M. Saingt (Jean) (Manche).

Bb. 1898. — Manche.
Par *Nogent*, 1/2 s. N.
Saint-Lô : depuis 1902.

BAYARD (accepté). — M. Digne (L.) (Manche)

Bb. 1895. — Manche.
Par *Vif-Argent*, 1/2 s. N.
Saint-Lô : 1899-1903. — Non représenté.

BAYARD (accepté). — M. Liot (Ernest) (Manche)

Bb. 1899. — Manche.
Par *Newmarket*, 1/2 s. N.
Saint-Lô : 1903. — Non représenté.

BEAUFORT (approuvé). — M. Fauchaux (Léon) (Manche).

B. 1901 — Orne.

Par *Nabucho*, 1/2 s. N., et *Orpheline*, par Orphée, 1/2 s. N.
Sa grand'mère : par Quid-Juris, 1/2 s. N.
Saint-Lô : depuis 1905.

BEAUJOUR, ex-BEAUSÉJOUR. — H. N.

Bb. 1901. — Calvados.

Par *Souvenir*, 1/2 s. N., et *Lavande*, par Fier-à-Bras, 1/2 s, N.
Sa grand'mère : Gazette, par Templier, 1/2 s. N.
Sa bisaïeule : par Ulysse III, 1/2 s. N.

Le Pin : depuis 1905.

BEAUMANOIR (approuvé). — M. Lallouet (Orne).

N. 1901. — (Orne).

Par *Narquois*, 1/2 s. N., et *Quenotte*, par James-Watt, 1/2 s. N.

Sa grand'mère : Julia, par Usquebac, 1/2 s. N.
Sa bisaïeule : Cerisette, par Hidalgo, 1/2 s. N.
Sa trisaïeule : Espérance, par Lucain, 1/2 s. N.
Sa quadrisaïeule : Delphine, par William, P. S. A.
5ᵉ degré : L'Héraclius, par Héraclius, 1/2 s. N.

Le Pin : depuis 1905.

BEAUMESNIL. — H. N.

Al. 1901. — Orne.

Par *Presbourg*, 1/2 s. N. (approuvé), et *Lira*, par Cherbourg,
1/2 s. N.

Sa grand-mère : Perce-Neige, par Zut, P. S. A.

Saint-Lô : depuis 1905.

BEAUNIL, ex-BEAUMESNIL. — H. N.

B. 1901. — Orne.

Par *Oran*, 1/2 s. N., et *Mademoiselle-de-Mesnil*, par Cherbourg,
1/2 s. N.

Sa grand'mère : Braconnière, P. S. A., par Braconnier.

Saint-Lô : depuis 1905.

BEAUREGARD (accepté). — M. Bosquet (Ismaël) (Calvados).

N. 1901. — Calvados.

Par *Harley*, 1/2 s. N., et *Surprise*, par Austral, P. S. A.

Sa grand'mère : Mademoiselle-de-Neuville, par Carnavalet, 1/2 s. N.
Sa bisaïeule : par Baccarat, 1/2 s. N.
Sa trisaïeule : par Ulmaire, 1/2 s. N.

Le Pin : depuis 1905.

BEAUSEIGNEUR. — H. N.

N. 1901. — Manche.

Par *Norodum*, 1/2 s. N., et *Tatiana*, par Colporteur, 1/2 s. N.

Sa grand'mère : Panticopie, par Gibraltar, 1/2 s. N.
Sa bisaïeule : par Jarnac, 1/2 s. N.

Le Pin : 1905. — Réformé le 1er août 1905.

BEAUVALLON, ex-**BEAUMANOIR**.— H. N.
B. 1901. — Manche.
Par *Nisko*, 1/2 s. N., et *Tulipe*, par Japhet, 1/2 s. N.
Sa grand'mère : Séduisante, par Esbly, 1/2 s. N.
Sa bisaïeule : Lapin, par Harmonieux, 1/2 s. N.
Sa trisaïeule : Castille, par Séduisant, 1/2 s. N. (approuvé).
Saint-Lô : depuis 1905.

BECASSEAU. — H. N.
Bb 1901. — Calvados.
Par *Kiffis*, 1/2 s. N., et *Coquette*, par Kermann, 1/2 s. N.
Sa grand'mère : Cocotte, par Saint-Rigomer, 1/2 s. N.
Le Pin : depuis 1905.

BEC-D'OISEAU. - H. N.
B. 1901. — Manche.
Par *Limier*, 1/2 s. N., et *Fillette*, par Sérieux, 1/2 s. N.
Sa grand'mère : par Enoch, 1/2 s. N. (approuvé).
Sa bisaïeule : par Quinine, 1/2 s. N.
Sa trisaïeule : par Lahore, 1/2 s. N.
Saint-Lô : depuis 1905.

BEHANZIN. — H. N.
Bb. 1901. — Sarthe.
Par *Juvigny*, 1/2 s. N., et *Lutine*, par Serpolet-Bai, 1/2 s. N.
Sa grand'mère : Belle-Garde, par Koping ou Abrantes, 1/2 s. N.
Sa bisaïeule : par Général, 1/2 s. N.
Saint-Lô : depuis 1905.

BEL-AMOUR. — H. N.
Al. 1901. — Orne.
Par *Réséda*, 1/2 s. N. (app.), et *Paméla*, par Phaëton, 1/2 s. N.
Sa grand'mère : Eglantine II, par Niger, 1/2 s. N.
Saint-Lô : depuis 1905.

BEL-ESPRIT. — H. N.
B. 1901. — Manche.
Par *Nemrod*, 1/2 s. N., et *Bergère*, par Kali, 1/2 s. N.
Sa grand'mère : par Fulminant, 1/2 s. N.
Sa bisaïeule : par Stern, 1/2 s. N.
Le Pin : depuis 1905.

BELFORT. — H. N.

Al. 1901. — Orne.

Par *Réséda*, 1/2 s. N. (app.), et *Lutèce*, par Cherbourg, 1/2 s. N.

Sa grand'mère : Dora, par Oriental, 1/2 s. N.
Sa bisaïeule : Minerve, par Niger, 1/2 s. N.
Sa trisaïeule : par Télégraph, 1/2 s. A.
Sa quadrisaïeule : par The Norfolk-Phœnomenon, 1/2 s. A.
5e degré : par Thésée, 1/2 s. N.

Le Pin : depuis 1905.

BELLE-VUE (accepté). — M. Bosquet (Ismaël) (Calvados).

Al. 1901. — Calvados.

Par *Austral*, P. S. A., et *Olive-Jolibois*, par Jolibois, 1/2 s. N.

Sa grand'mère : Mignonne, par Archibald, 1/2 s. N.
Sa bisaïeule : par Viril, 1/2 s. N.
Sa trisaïeule : par Volant, 1/2 s. N.

Saint-Lô : depuis 1905.

BELLOIR, ex-BON-ESPOIR. — H. N.

B. 1901. — Orne.

Par *Oran*, 1/2 s. N., et *Quinola*, par James-Watt, 1/2 s. N.

Sa grand'mère : Joyeuse, par Édimbourg, 1/2 s. N.
Sa bisaïeule : Bluette, par Usquebac, 1/2 s. N.
Sa trisaïeule : Abrantine, par Abrantès, 1/2 s. N.
Sa quadrisaïeule : Lisa, par Utrecht, 1/2 s. N.
5e degré : par Trouville, P. S. A.

Le Pin : depuis 1905.

BEN-ALI, par BENGALI. — H. N.

Al. 1901. — Orne.

Par *Nabucho*, 1/2 s. N., et *Perce-Neige*, par Kiflis, 1/2 s. N.

Sa grand'mère : par Oriental, 1/2 s. N.

Saint-Lô : depuis 1905.

BÉRANGER. — H. N.

Bb. 1901. — Calvados.

Par *Hetman*, 1/2 s. N., et *Sans-Tâche*, par Acquila, 1/2 s. N.

Sa grand'mère : Rosière, par Conquérant, 1/2 s. N.
Sa bisaïeule : Papillotte, par Perruquier, 1/2 s. (approuvé).
Sa trisaïeule : par Succès, 1/2 s. N.
Sa quadrisaïeule : jument anglaise.

Le Pin : depuis 1905.

BERLIN. — H. N.

B. 1901. — Orne.

Par *James-Watt*, 1/2 s. N., et *Norma*, par Iambe, 1/2 s. N.

Sa grand'mère : Centaurine, par Centaure, 1/2 s. N.
Sa bisaïeule : par Héliotrope, 1/2 s. N.

Le Pin : depuis 1905.

BERRURIER, ex-**BALADIN**. — H. N.

B. 1901. — Manche.

Par *Jobibois*, 1/2 s. N., et *Riquette*, par Fournichon, 1/2 s. N.

Sa grand'mère : Volante, par Nicanor, 1/2 s. N.
Sa bisaïeule : Riquette, par Fire-Away, 1/2 s. A.

Saint-Lô : depuis 1905.

BESLON (approuvé). — M. Lebeurrier, (Manche).

Al. 1884. — Manche.

Par *Algérien*, 1/2 s. N., et *Soumise*, par Orme, 1/2 s. N.

Sa grand'mère : Lisette, par Quinine, 1/2 s. N.

Saint-Lô : 1888-1901. — Vendu après la monte.

BIENVENU (accepté). — M. Lechartier (Manche).

B. 1901. — Manche.

Par *Ricquebourg*, 1/2 s. N., et *Vigilante*, par Lavater, 1/2 s. N.

Sa grand'mère : Chérie, par Hunald, 1/2 s. N.

Saint-Lô : depuis 1905.

BILLON, ex-**BYRON**. — H. N.

N. 1901. — Calvados.

Par *Signor*, 1/2 s. N., et *Bichette*, par Ismael, P. S. A. (approuvé).

Sa grand'mère : Voltige, par Fier-à-Bras, 1/2 s. N.

Saint-Lô : depuis 1905.

BINGALI (accepté). — M. Jeanne (Manche).

Al. 1901. — Manche.

Par *Nisho*, 1/2 s. N., et *Castille*, par Alsacien, 1/2 s. N.

Sa grand'mère : Bergère, par Dictateur, 1/2 s. N.
Sa bisaïeule : par Volant, 1/2 s. N.
Sa trisaïeule : par Rivoli, 1/2 s. N.

Saint-Lô : depuis 1895.

BISMUTH, ex-BUFFON. — H. N.

Al. 1901. — Manche.

Par *Rutteur*, 1/2 s. N., et *Pensée*, par Fred-Archer, 1/2 s. N.
Sa grand'mère : Dominante, par Domino-Noir, 1/2 s. N.
Sa bisaïeule : Sidi, par Sidi. P. S. Ar.
Sa trisaïeule : par Y Red-Deer, 1/2 s. A.

Saint-Lô : depuis 1905.

BLACK-BOY (accepté), 1/2 sang Poney (1 m. 43)

M. Auberty (Seine-et-Oise).

Bb. 1897. — Seine-et-Oise.

Par Sir-Garnett-Wolseley et Mignonne, par Sauveur.

Le Pin : 1902. — Non représenté.

BOISSOUDY, ex-BOISSI. — H. N.

N. 1901. — Calvados.

Par *Juvigny*, 1/2 s. N., et *Voilette*, par Fataliste, P. S. A.
Sa grand'mère : Violette, par Centaure, 1/2 s. N.
Sa bisaïeule : Visitandine, par Sylvio. P. S. A.
Sa trisaïeule : par Xerxès, 1/2 s. N.
Sa quadrisaïeule : par Dangereux. P. S. A.
5ᵉ degré : par Eastham, P. S. A.

Le Pin : depuis 1905.

BOLO, ex-BOLÉRO. — H. N.

B. 1901. — Calvados.

Par *Quotidien* ou *Quatrain*, 1/2 s. N., et *Ténébreuse*, par Echo,
1/2 s. N.
Sa grand'mère : Laborieuse, par Stade, 1/2 s. N.
Sa bisaïeule : par Irlandais. 1/2 s. N.

Saint-Lô : depuis 1905.

BON AMI. — H. N.

N. 1901. — Calvados.

Par *Kiffis*, 1/2 s. N., et *Anversoise*, par Kachemyr, 1/2 s. N.
Sa grand'mère : Rose-et-Blonde, par Suffolk. P. S. A.

Saint-Lô : depuis 1905.

BON-ENFANT. — H. N.

B. 1901. — Manche.

Par *Sincerity*, 1/2 s. N., et *Cocotte*, par Halifax, 1/2 s. N. (app.).
Sa grand'mère : Gazelle, par Tropique, 1/2 s. N.,
Sa bisaïeule : par Va-de-Bon-Cœur, 1/2 s. N.

Saint-Lô : depuis 1905.

BONJOUR. — H. N.

B. 1901. — Eure.

Par *Quel-Beau*, 1/2 s. N., et *Etincelle*, par Content, 1/2 s. N.

Sa grand'mère : Capucine, par Gastadour, 1/2 s. N.
Sa bisaïeule : par Bassompierre, 1/2 s. N.

Le Pin : depuis 1905.

BONJOUR (approuvé). — M. Roussel (Manche).

Al. 1901. — Manche.

Par *Superbe*, 1/2 s. N., et *Sourde*, par Kaïn, 1/2 s. N.

Sa grand'mère : La Pelotte, par Egesippe, 1/2 s. N.
Sa bisaïeule : par Daniel, 1/2 s. N. (approuvé).

Saint-Lô : depuis 1905.

BORD, ex-BABORD. — H. N.

B. 1901. — Manche.

Par *Kanaris*, 1/2 s. N., et *Cirelle*, par Mirliton, 1/2 s. N.

Saint-Lô : depuis 1905.

BORDEAUX. — H. N.

B. 1901. — Manche.

Par *Dacapo*, 1/2 s. N., et *Finette*, par Shamrock, 1/2 s. A.

Sa grand'mère : Fidèle, par Santerre, 1/2 s. N.
Sa bisaïeule : Finette, par Géant-des-Batailles, P. S. A.
Sa trisaïeule : N., par Faucon, 1/2 s. N.

Saint-Lô : depuis 1905.

BOSCAR. — H. N.

B. 1901. — Manche.

Par *Dacapo*, 1/2 s. N., et *Coquette*, par Aventin, 1/2 s. N.

Sa grand'mère : par Hunter, 1/2 s. N.

Saint-Lô : depuis 1905.

BOSPHORE. — — H. N.

Al. 1901. — Orne.

Par *Quartier-Maître*, 1/2 s. N., et *Olga*, par Phaëton, 1/2 s. N.

Sa grand'mère : Odalisque, par Hidalgo ou Racoleur, 1/2 s. N.

Saint-Lô : depuis 1905.

BOST, ex-**BOSTON**. — H. N.
Bb. 1901. — Orne.
Par *Sébastopol*, 1/2 s. N., et *Espérance*, par Beaugé, 1/2 s. N.
Sa grand'mère : Serpolette, par Serpolet-Bai, 1/2 s. N.
Sa bisaïeule : par The Norfolk-Phœnomenon, 1/2 s. A.
Sa trisaïeule : par Prince, 1/2 N.
Le Pin : depuis 1905.

BOTARD. ex-**BOTHA**. — H. N.
B. 1901. — Orne.
Par *Rosny*, 1/2 s. N. (autorisé), et *Romancière*, par Cherbourg,
1/2 s. N.
Sa grand'mère : Kina, par Elan, 1/2 s. N. (approuvé).
Saint-Lô : depuis 1905.

BOTZ, ex-**BATZ**. — H. N.
B. 1901. — Manche.
Par *Rhum*, 1/2 s. N., et *Bijou*, par Gourmet, 1/2 s. N.
Saint-Lô : 1905. — Réformé le 1er août 1905.

BOULINÉ (accepté). — M. Capelle (Calvados).
N. 1899. — Orne.
Par *Obstacle*, 1/2 s. N., et *King-of-the-Gipsies*, 1/2 s. A.
Saint-Lô : 1903. — Non représenté.

BOUMARD, ex-**BOTHA**. — H. N.
B. 1901. — Manche.
Par *Aigaud*, P. S. A., et *Sans-Gêne*, par Nougat II, 1/2 s. N.
Sa grand'mère : Margot, par Quality, 1/2 s. N.
Sa bisaïeule : par Ratapoil, 1/2 s. N.
Saint-Lô : depuis 1905.

BOURGO, ex-**BOURGOGNE**. — H. N.
B. 1901. — Manche.
Par *Ruteur*, 1/2 s. N., et *Lucette*, par Tempête, 1/2 s. N.
Sa grand'mère : Lisette, par Sir-Henry, 1/2 s. N.
Sa bisaïeule : par Ugolin, 1/2 s. N.
Saint-Lô : depuis 1905.

BOUTOIR, ex-**BEAUVOIR**. — H. N.
B. 1901. — Manche.
Par *Scintillant*, 1/2 s. N., et *Lisa*, par Fabuleux, 1/2 s. N.
Saint-Lô : depuis 1905.

BOUTON-D'OR. — H. N.

Al. 1901. — Orne.

Par *Rosny*, 1/2 s. N., et *Titania*, par Iambe, 1/2 s. N.

Sa grand'mère : Bijou, par Qu'en-Pensez-Vous, 1/2 s. N.

Le Pin : depuis 1905.

BOUTON-D'OR (approuvé). — M. Lebourier (Pascal) (Manche).

Al. 1901. — Manche.

Par *Marcelet*, 1/2 s. N., et *Fred-Archette*, par Fred-Archer,
1/2 s. N.

Sa grand'mère : *Chéri*, par Jarnac, 1/2 s. N.
Sa bisaïeule : par Ugolin, 1/2 s. N.

Saint-Lô : depuis 1905.

BRACHET, ex-BEAUSÉJOUR. — H. N.

B. 1901. — Manche.

Par *Kronstadt*, 1/2 s. N., et *Brebis*, par Kabin, 1/2 s. N.

Sa bisaïeule : Brebis, par Feu-de-Joie, 1/2 s. N.
Sa trisaïeule : N., par Victorieux, 1/2 s. N.

Saint-Lô : depuis 1905.

BRECY, ex-BERCY. — H. N.

B. 1901. — Calvados.

Par *Septidi*, 1/2 s. N.

Le Pin : depuis 1905.

BREDIN, ex-BAR-LE-DUC. — H. N.

Al. 1901. — Calvados.

Par *Kamtchatka*, 1/2 s. N., et *Frivole*, par Chitré, P. S. A.

Saint-Lô : depuis 1905.

BREUIL, ex-BOUVREUIL. — H. N.

B. 1901. — Manche.

Par *Dacapo*, 1/2 s. N., et *Coquette*, par Santerre, 1/2 s. N.

Sa grand'mère : Cocotte, par Marengo, P. S. A.
Sa bisaïeule : par Hyacinthe, 1/2 s. N.

Saint-Lô : depuis 1905.

BRICE, ex-**BRISTOL**. — H. N.

B. 1901. — Calvados.

Par *Ornano*, 1/2 s. N., et *Julie*, par Illustre, 1/2 s. N.
Sa grand'mère : Rosa, par Raming, 1/2 s. N.
Sa bisaïeule : par Héros, 1/2 s. N. (approuvé).

Saint-Lô : depuis 1905.

BRIDIER, ex-**BRIGADIER**. — H. N.

B. 1901. — Manche.

Par *Tournesol*, P. S. A., et *Tricoteuse*, par Marcelet, 1/2 s. N.
Sa grand'mère : Mouvette, par Fred-Archer, 1/2 s. N.
Sa bisaïeule : Rosette, par Lavater, 1/2 s. N.
Sa trisaïeule : par Lagopède, 1/2 s. N.

Saint-Lô : depuis 1905.

BRIEUX, ex-**BEAULIEU**. — H. N.

B. 1901. — Manche.

Par *Dacapo*, 1/2 s. N., et *Patric*, par Hallali, 1/2 s. N.
Sa grand'mère : Stockinne, par Shamrock, 1/2 s. A.
Sa bisaïeule : Mina, par Lodi, 1/2 s. N.
Sa trisaïeule : Lisette, par Urus, 1/2 s. N.
Sa quadrisaïeule : N., par Locomotif, 1/2 s. N.

Saint-Lô : depuis 1905.

BRINDEAU, ex-**BRIN-D'OR**. — H. N.

Al. 1901. — Manche.

Par *Kilburn*, 1/2 s. N.
Saint-Lô : depuis 1905.

BRISSAC. — H. N

N. 1901. — H. N.

Par *Kiffis*, 1/2 s. N., et *Tulipe*, par Tigris, 1/2 s. N.
Sa grand'mère : par Palm, 1/2 s. N.
Saint-Lô : depuis 1905.

BRISTOL (approuvé). — M. Fourchamp (Léon) (Manche).

B. 1901. — Calvados.

Par *Riche-en-Goule*, 1/2 s. N., et *Tranquille*, par Exeat. 1/2 s. N.
Sa grand'mère : Favorite, par Velasquez, 1/2 s. N.
Sa bisaïeule : N., par Ignoré, 1/2 s. N.

Saint-Lô : depuis 1905.

BRISTOL (approuvé). — M. Richard (Jean) (Manche).
B. 1901. — Calvados.
Par *Robert-le-Diable*, 1/2 s. N., et *Tosca*, par Jean-de-Nivelle 11,
1/2 s. N.
Sa grand'mère : Espérance, par Baptiste-Lemore, 1/2 s. N.
Saint-Lô : depuis 1905.

BROQUEUR, ex-**SANS-PEUR**. — H. N.
B. 1901. — Orne.
Par *Lignières*, 1/2 s. N., et *Marguerite*, par Optimé, 1/2 s. N.
Sa grand'mère : Paquerette, par Elu ou Jactator, 1/2 s. N.
Saint-Lô : depuis 1905.

BRUGNON. — H. N.
B. 1901. — Manche.
Par *Scintillant*, 1/2 s. N., et *Hercule*, par Gardanne, 1/2 s. N.
Sa grand'mère : Castille, par Josaphat, 1/2 s N.
Sa bisaïeule : par Beaumanoir. 1/2 s. N. (approuvé),
Saint-Lô : depuis 1905.

BRUNET, ex-**BRUNO**. — H. N.
N. 1901. — Calvados.
Par *Petiville*, 1/2 s. N., et *Cocote*, par Fumet, 1/2 s. N.
Sa grand'mère : par Matinal, 1/2 s. N.
Sa bisaïeule : par Bien-Aimé, 1/2 s. N.
Saint-Lô : depuis 1905.

BRUT, ex-**BRUTUS**. — H. N.
Bb. 1901. — Calvados.
Par *Galba*, 1/2 s. N., et *Normande*, par Hercule-Normand,
1/2 s. N.
Sa grand'mère : Cocotte, par Panique, 1/2 s. N.
Sa bisaïeule : par Quintus, 1/2 s. N.
Saint-Lô : depuis 1905.

BUCHER, ex-**BUCHERON**. — H. N.
Al. 1901. — Orne.
Par *Rosny*, 1/2 s. N., et *Coquette*, par Typique, 1/2 s. N.
Sa grand'mère : par Buci, 1/2 s. N.
Le Pin : depuis 1905.

BUENOS-AYRES (accepté). — M. Ameline (Louis) (Manche).
Al. 1901. — Manche.
Par *Val-de-Sée*, 1/2 s. N., et *Corindielle*, par Kabyle, 1/2 s. N.
Sa grand'mère : par Egmont, 1/2 s. N. (approuvé).
Saint-Lô : depuis 1905.

BULLY, ex-**BULGARE**. — H. N.
B. 1901. — Orne.
Par *Oran*, 1/2 s. N., et *Minerve*, par Edimbourg, 1/2 s. N.
Sa grand'mère : Fleur-de-Neige, par Quiclet, 1/2 s. N.
Sa bisaïeule : Niniche, par Gaulois ou Palanquin, 1/2 s. N.
Sa trisaïeule : par Tonnerre-des Indes, P. S. A.
Sa quadrisaïeule ; par Kramer, 1/2 s. N.
Saint-Lô : depuis 1905.

BURGRAVE, — H. N.
Bb. 1901. — Calvados.
Par *Michigan*, 1/2 s. N., et *Quadruple*, par Juvigny, 1/2 s. N.
Sa grand'mère : La Pentecôte, par Tigris, 1/2 s. N.
Sa bisaïeule : par Conquérant. 1/2 s. N.
Le Pin : depuis 1905.

BURSARD. — H. N.
B. 1901. — Orne.
Par *Presbourg*, 1/2 s. N. (approuvé), et *Galantine*, par Alaric,
1/2 s. N.
Sa grand'mère : La Jardinière, par Destin, 1/2 s. N.
Sa bisaïeule : par Lucain, 1/2 s. N.
Sa trisaïeule : par Multum-in-Parvo, 1/2 s. A.
Sa quadrisaïeule : par Faliero, 1/2 s. N.
5e degré : par Mameluke, P. S. A.
Le Pin : depuis 1905.

BUTOIR, ex-**BONSOIR**. — H. N.
Al. 1901. — Orne.
Par *Rouges-Terres*, 1/2 s. N., et *Rainette*, par Nabucho, 1/2 s. N.
Sa grand'mère : par Beaugé, 1/2 s. N.
Saint-Lô : depuis 1905.

CENTENAIRE (accepté). — M. Desmottes (Manche).
B. 1901. — Manche.
Par *Quinoxe*, 1/2 s. N.
Saint-Lô : depuis 1905.

CHERBOURG. — H. N.

B. 1880. — Calvados.

Par *Normand*, 1/2 s N., et *Peschiera*, par Extase, 1/2 s. N.
Sa grand'mère : Anita, par Conquérant, 1/2 s. N.
Sa bisaïeule : par Dorus, 1/2 s. N.
Sa trisaïeule : par Introuvable, 1/2 s N.
Sa quadrisaïeule : par Royal-George, P. S. A.

Le Pin : 1885-1902. — Réformé le 22 août.

CICÉRON II. — H. N.

N. 1880. — Calvados.

Par *Tigris*, 1/2 s. N., et *Mademoiselle-de-Bréville*,
par Centaure, 1/2 s. N.
Sa grand'mère : par Trouville, P. S. A.

Le Pin : 1885-1902. — Réformé le 6 août.

COCO (accepté). — M. Remilly (Manche).

B. 1900. — Manche.

Par *Nana-Saïd*, 1/2 s. N., et *Vigilante*, par Griche-Midi, 1/2 s. N.
Sa grand'mère : Lisette, par Voleur, 1/2 s. N.
Sa bisaïeule : par Institut, 1/2 s. N. (approuvé).

Saint-Lô : depuis 1904.

COQ-A-L'ANE (approuvé).

MM. de Basly, 1885 ; Le Marchand, 1891 (Manche).

Bb. 1880. — Manche.

Par *Lavater*, 1/2 s. N., et *Allumette*, par The Heir-of-Linne,
P. S. A.
Sa grand'mère : Kindler, par Eylau, P. S. A. Ar.
Sa bisaïeule : par North-Star, 1/2 s. A.

Saint-Lô : 1886-1903. — Réformé.

DACAPO. — H. N.

B. 1881. — Calvados.

Par *Normand*, 1/2 s. N., et *Olga*, par Abrantès, 1/2 s. N.
Sa grand'mère : par Ecuyer, 1/2 s. N.

Saint-Lô : 1885-1903. — Réformé le 10 août.

DANIEL. — M. Roussel (Manche).

Approuvé en 1885. — Accepté en 1905.

Al. 1881. — Manche.

Par *Milord*, 1/2 s. N., et *Papillon*, par Félibien, 1/2 s. N.
Saint-Lô : depuis 1885.

DIADÈME (approuvé).

M. Louvel, 1885. — M. Perdiel, 1888.
B. 1381. — Calvados.
Par *Léotard*, 1/2 s. N., et *Cocotte*,
par Sir-Edwin-Landsyer, 1/2 s. A.
Le Pin : 1885. — Saint-Lô : 1888-1901 — Réformé.

DIPLOMATE, ex DRAGON (approuvé).

M. Pierre, 1885 (Calvados) ; M. Lemarchand, 1899 (Manche).
Bb. 1881. — Calvados.
Par *Tigris*, 1/2 s. N., et une fille de Kilomètre, 1/2 **s. N.**

Sa grand'mère : par Jactator, 1/2 s. N.
Saint-Lô : 1885-1902. — Réformé.

DOMINO (accepté).

M. de Sainte-Marie, (Calvados).
Bb. 1885.
Par *Union-Jack*, 1/2 s. N., et *Chérie*, par Bisson ou Josaphat,
1/2 s. N.
Le Pin : 1902. -- Saint-Lô : 1903. — Mort en 1904.

ÉCHEC, ex-ÉMINENT. — H. N.

B. 1882. — Orne.
Par *Urimesnil*, 1/2 s. N., et *Coquette*, par Oriental, 1/2 s. N.
Saint-Lô : 1886-1902. — Réformé le 11 août.

ÉCUEIL. — H. N.

Al. 1882. — Manche.
Par *Idoménée*, 1/2 s. N., et *Rosa*, par Récif.

Sa grand'mère : The Heir-of-Linne, par The Heir-of-Linne, P. S. A.
Sa bisaïeule : Urseline, par Ursin, 1/2 s. N.
Saint-Lô : 1886-1904. — Réformé le 5 août.

EGMONT (approuvé). — M. Leroy (Manche).

Al. 1882. — Manche.
Par *Userche*, 1/2 s. N., et une fille de Va-de-Bon-Cœur, 1/2 **s. N.**

Sa grand'mère : par Normand, 1/2 s. N.
Sa bisaïeule : par Sinope, 1/2 s. N.
Saint-Lô : 1886-1902. — Réformé.

ELAN (approuvé).

M. Mauny, (Orne) ; M. Denzarine, 1895 (Seine-et-Oise) ;
M. Vallet, 1899 (Seine-et-Oise).

B. 1882. — Orne.

Par *Serpolet-Bai*, 1/2 s. N., et *Rosière*, par Condé, 1/2 s. N.

Sa grand'mère : Fortunée, par Y. Phœnomenon, 1/2 s. A.
Sa bisaïeule : une fille de Kramer, 1/2 s. N.
Sa trisaïeule : une fille de Doyen, 1/2 s. N.

Le Pin : 1887-1902. — Passé dans la circonscription de Compiègne.

EMAIL (approuvé).

M. Banse, 1903 (Calvados) ; M. Goupil-Dubosq, 1905
(Seine-Inférieure).

Bb. 1882. — Normandie.

Par *Tigris*, 1/2 s. N., et *Rigolette II*, par Abrantès, 1/2 s. N.

Le Pin : depuis 1895.

ÉOLE (approuvé).

MM. Lebas, 1887 ; Guillerme, 1895 ; MM. de Tesson
et Lemétayer, 1898 (Manche).

B. 1882. — Manche.

Par *Lavater*, 1/2 s. N., et *Heir-of-Linne*, par The Heir-of-Linne,
P. S. A.

Sa grand'mère : Elisa, 1/2 s. N., par Corsair, 1/2 s. A.

Saint-Lô : 1887-1900.

ÉPI. — H. N.

B. 1882. — Manche.

Par *Nagel*, 1/2 s. N., et *Rosette*, par Beaumanoir, 1/2 s. N.
(Approuvé).

Sa grand'mère : par Feu-de-Joie, 1/2 s. N.

Saint-Lô : 1886-1901. — Réformé.

ÉPI-D'OR (approuvé). — M. Guillerme (Manche).

Al. 1882. — Manche.

Par *Sackos*, 1/2 s. N., et *Gisèle*, P. S. A., par Royal-Quand-Même,

Saint-Lô : 1886-1905. — Non représenté.

EPSOM (approuvé). (Manche).
MM. Laumaille, 1887 ; M. Belloir, 1889 ;
M. Cornille (Louis), 1900 (Manche).
Bb. 1882. — Manche.
Par *Shamrock*, 1/2 s. A., et *Normande*, par Mercure, 1/2 s. N.
Sa grand'mère : par Faucon, 1/2 s. N.
Sa bisaïeule : par Borisow, 1/2 s. N.
Sa trisaïeule : par Electeur, 1/2 s. N.
Saint-Lô : depuis 1887.

ESCAR (accepté). — M. Gibon (Henri) 1903, (Manche).
B. 1892. — Manche.
Par *Extra*, 1/2 s. N., et *Fatema*, par Romano, 1/2 s. N.
Sa grand'mère : par Séduisant, 1/2 s. N.
Saint-Lô : depuis 1896.

FARNÈSE, ex-**FRANC-CŒUR**. — H. N.
B. 1883. — Calvados.
Par *Archiduc*, 1/2 s. N., et *Eclatante*, par Washington, 1/2 s. Al.
Sa grand'mère : par Niger, 1/2 s. N.
Saint-Lô : depuis 1887.

FAVORI (approuvé). — M. Couetil (Jean) (Manche).
B. 1897. — Calvados.
Par *Macouba*, 1/2 s. N., et *Orvalie*, par Alsacien, 1/2 s. N.
Sa grand'mère : Alice, par Virgile, 1/2 s. N.
Sa bisaïeule : Alisse, par Quarteron, 1/2 s. N.
Sa trisaïeule : Stella, par Forey, 1/2 s. N.
Sa quadrisaïeule: par Camisard, 1/2 s. N. (approuvé).
Saint-Lô : 1901-1905. — Castré.

FAVORI (accepté). — M. Cariot (Jean) (Manche).
B. foncé 1900. — Manche.
Par *Resplendissant*, 1/2 s. N.
Saint-Lô : depuis 1905.

FAVORI (accepté). — M. Lesaulnier, 1898.
M. Vibet (Pierre), 1904 (Manche).
Bb. 1894. — Manche.
Par *Kopeck*, 1/2 s. N. et *Susette*, 1/2 s. N.
Saint-Lô : depuis 1898.

FAVORI, ex-**SANGUIN** (accepté). — M. Lefort (Charles)
(Manche).

B. 1896. — Manche.

Par *Nubien*, 1/2 s. N., et *Chérie*, par Sanguin, 1/2 s. N.

Saint-Lô : depuis 1900.

FAVORI (accepté).— M. Closet (Louis). 1902 ;
M. Dujardin (Henri), 1905 (Manche).

B. 1898. — Manche.

Par *Olivarès*, 1/2 s. N., et *Quintessence*, par Laiton, 1/2 s. N.

Saint-Lô : depuis 1902.

FAVORI (accepté). — M. Parrain (Manche).

B. 1897. — Manche.

Par *Favori* 1/2 s. N. (approuvé), et *Rose*, par Milord, 1/2 s. N.

Sa grand'mère : par Félibien, 1/2 s. N.

Saint-Lô : depuis 1901.

FIFERLIN. — H. N.

N. 1900. — Orne.

Par *Cherbourg*, 1/2 s. N., et *Lavandière*, par Polkantchick,
1/2 s. R. (approuvé).

Sa grand'mère : Faribole, par Conquérant, 1/2 s. N.
Sa bisaïeule : Parisienne, par Vladimir, 1/2 s. N.
Sa trisaïeule : La Rose, par Idalis, 1/2 s. N.
Sa quadrisaïeule : Céline, par Brocardo, P. S. A.
5e degré : Tamisienne, par Performer, P. S. A.

Le Pin : depuis 1904.

FINANCIER (approuvé). — M. P. Leméteyer (Manche)

B. 1883. — Calvados.

Par *Turco* et *Renémesnil*, 1/2 s. N., et une fille de Soldat, 1/2 s. N.

Sa grand'mère : par Estafette, 1/2 s. N.

Saint-Lô : 1887-1900.

FLORIDOR (approuvé). — M. Roussel (Manche).

B. 1892. — Manche.

Par *Impérieux*, 1/2 s. N., et une fille de Daniel, 1/2 s. N.

Saint-Lô : 1896-1901. — Non représenté.

FOLLET. — H. N.

B. 1883. — Calvados.

Par *Camembert*, P. S. A., et *Verveine*, par Valdemar, 1/2 s. N.

Sa grand'mère : par Lacour, 1/2 s. N.

Saint-Lô : 1887-1904. — Réformé le 5 août.

FONTENAY. — H. N.

B. 1883. — Calvados.

Par *Tigris*, 1/2 s. N., et *Coquette*, par Renemesnil, 1/2 s. N.

Sa grand'mère : par Libérator, 1/2 s. A.
Sa bisaïeule : jument de P. S. A.

Saint-Lô : 1888-1902. — Réformé le 11 août.

FORBAN (approuvé). — M. Lereculey (Manche).

Al. 1883. — Manche.

Par *Sorcier*, 1/2 s. N., et *La Belle*, par Imposteur, 1/2 s. N.

Sa grand'mère : par Elu, 1/2 s. N.

Saint-Lô : 1887-1903.

FRED-ARCHER. — H. N.

B. 1883. — Calvados.

Par *Normand*, 1/2 s. N., et *Verveine*, par Noville, 1/2 s. N.

Sa grand'mère : Vilna, par Y., 1/2 s. N.
Sa bisaïeule : Victoire, par un P. S. A.

Saint-Lô : 1888-1902. — Réformé le 11 août.

FRONDEUR — H. N.

Bb. 1883. — Orne.

Par *Valdempierre*, 1/2 s. N., et *Zéphirine*, par Kilomètre,
1/2 s. N.

Sa grand'mère : par Moteur, 1/2 s. N.

Saint-Lô : 1887-1902. — Réformé le 11 août.

FUSCHIA. — H. N.

B. 1883. — Manche.

Par *Reynolds*, 1/2 s. N., et *Rêveuse*, par Lavater, 1/2 s. N.

Sa grand'mère : Sympathie, P. S. A.

Le Pin : depuis 1889.

GASTADOUR. — H. N.

B. 1884. — Orne.

Par *Phaëton*, 1/2 s. N., et *Coranthine*, par Quiclet, 1/2 s. N.

Sa grand'mère : Cora, par Inkermann, 1/2 s. N.
Sa bisaïeule : par Montaigne, 1/2 s. N.
Sa trisaïeule : par Merlerault, P.S. A.
Sa quadrisaïeule : par Eylau, P. S. A. Ar.

Le Pin : 1888-1903. — Réformé le 10 août.

GEORGES (approuvé). — M. Legoupil (Manche).

B. 1882. — Manche.

Par *Vigilant*, 1/2 s. N., et une fille de Volte-Face, 1/2 s. N.
Saint-Lô : 1886-1901. — Non représenté.

GÉRARDMER. — H. N.

B. 1884. — Manche.

Par *Tempête*, 1/2 s. N., et *Volante*, par Volant, 1/2 s. N.

Sa grand'mère : par Sir-Henry, 1/2 s. A.
Le Pin : 1888-1904. — Réformé.

GIBRALTAR. — H. N.

B. 1884. — Manche.

Par *Beautiful* ou *Siroc*, 1/2 s. N., et *Sans-Tâche*,
par Ugolin, 1/2 s. N.

Sa grand'mère : Jeanne-d'Arc, par Pledge, 1/2 s. N.
Saint-Lô : 1888-1902. — Réformé le 11 août.

GONDOLIER (accepté, 1897 ; approuvée, 1899). M. Fontenier,
1897 ; M. Fontenier, 1899 ; M. Letourneur, 1903 (Manche).

N. 1891.

Par *Galba*, 1/2 s. N., et une fille de Train-Poste, 1/2 s. N.
Saint-Lô : 1897-1903. — Non représenté.

GOUDRON, ex-GAËTAN. — H. N.

B. 1884. — Manche.

Par *Aveyron*, 1/2 s. N., et *Lisette*, par Villiers, 1/2 s. N.

Sa grand'mère : par Régulier, 1/2 s. N.
Saint-Lô : 1888-1904. — Réformé le 5 août.

GRAND-MAITRE. — H. N.

B. 1884. — Orne.

Par *Barrabas*, 1/2 s. N., et *Séduisante*, par Palanquin
ou Tributaire, 1/2 s. N.

Sa grand'mère : par Buci, 1/2 s. N.
Sa bisaïeule : par Aï, 1/2 s. N.

Saint-Lô : 1888-1902. — Réformé le 11 août.

GUERROYEUR. — H. N.

B. 1884. — Manche.

Par *Ministère*, P. S. A., et *Pimpante*, par Régnard, 1/2 s. N.

Sa grand'mère : Coquette, par Séduisant, 1/2 s. N.
Sa bisaïeule : par Riga, 1/2 s. N.

Saint-Lô : depuis 1888.

HALLALI. — H. N.

Par *Lavater*, 1/2 s., N., et *Allumette*, par The Heir-of-Linne, P.S.A.

Sa grand'mère : Kindler, par Eylau, P. S. A. Ar.
Sa bisaïeule : Kindler, par North-Star, 1/2 s. A.

Saint-Lô : 1889-1903. — Réformé le 10 août.

HARFLEUR (approuvé). — M. Lebeurrier (Manche).

Al. 1885. — Orne.

Par *Gabier*, P. S. A., et *Jacqueline*, par Jaciator, 1/2 s. N.

Sa grand'mère : par Tallien, 1/2 s. N.

Saint-Lô : 1889-1902. — Réformé.

HARLEY. — H. N.

N. 1885. — Calvados.

Par *Phaëton*, 1/2 s. N., et *Turlurette*, par Normand, 1/2 s. N.

Sa grand'mère : Niska, par Ignace, 1/2 s. N.
Sa bisaïeule : Petite-de-Mer, par Usager, 1/2 s. N.
Sa trisaïeule : Margot, par Dorus, 1/2 s. N.

Saint-Lô : depuis 1891.

HARMONIEUX (autorisé 1889, approuvé 1890).

M. Lepailleur (Calvados).

B. 1885. — Calvados.

Par *Cordebugle*, 1/2 s. N., et *Enchanteresse*, par Seymour, 1/2 s. N.

Sa grand'mère : Glorieuse, par Vladimir, 1/2 s. N.
Sa bisaïeule : par Taconnet, 1/2 s. N.

Saint-Lô : depuis 1889.

HAROLD. — H. N.

Bb. 1885. — Manche.

Par *Spectre*, 1/2 s. N., et *Volante*, par Nicanor, 1/2 s. N.

Sa grand'mère : Sophie, par Fire-Away, 1/2 s. A.

Le Pin : 1889-1902. — Réformé le 22 août.

HAUTAIN (approuvé). — M. Lemonnier (Calvados).

N. 1891. — Normandie.

Par *Tigris*, 1/2 s. N., et *Ethelmaries*, P. S. A.

Le Pin : depuis 1898.

HAVAS, ex-HARDI. — H. N.

Bb. 1885. — Orne.

Par *Valdempierre*, 1/2 s. N., et *Mandragore*, par Niger, 1/2 s. N.

Sa grand'mère : Espérance, par Taconnet, 1/2 s. N.
Sa bisaïeule : Belle-de-Jour, par Centaure, 1/2 s N.
Sa trisaïeule : Belle-de-Jour, par Pledge, 1/2 s. N.
Sa quadrisaïeule : Balbine, par Wanderer, 1/2 s. A.
5e degré : Dame-Charlotte, par Brocardo, P. S. A.
6e degré : par Voltaire, 1/2 s. N.
7e degré : par Glocester, 1/2 s. A.
8e degré : par Jaggard, 1/2 s. A.
9e degré : par Gallipoly, P. S. Ar.

Le Pin : 1889-1902. — Réformé le 22 août.

HERMANN (approuvé). — M. P. Grente, 1889. M. Bon,
1894 (Manche).

B. 1885. — Normandie.

Par *Attila*, 1/2 s. N., et *Mademoiselle-de-Cretteville*, par Lavater,
1/2 s. N.

Sa grand'mère : par The Heir-of-Linne, P.S.A.

Saint-Lô : 1889-1903. — Réformé.

HÉRODE — H. N.

Al. 1891. — Calvados.

Par *Fuschia*, 1/2 s N., et *Niobé*, par Phaéton, 1/2 s. N.

Sa grand'mère : Patrie, par Y. Quick-Silver, 1/2 s. A.
Sa bisaïeule : Rigolette, par Bayard, 1/2 s. N.

Saint-Lô : 1895-1905. — Réformé le 1er août.

HÉRON (approuvé). — Mme Ve Lerœuley (Manche).
B. 1885. — Manche.
Par *Alsacien*, 1/2 s. N. et N., par *Bravo*, 1/2 s. A.
Sa grand'mère : par Ignoré, 1/2 s. N.
Saint-Lô : 1889-1901. — Réformé.

HETMAN. — H. N.
Al. 1891. — Calvados.
Par *Fuschia*, 1/2 s. N., et *Nacelle*, par *Phaéton*, 1/2 s. N.
Sa grand'mère : Lisbeth, P. S. A., par Trocadéro.
Le Pin : depuis 1895.

HONORABLE (approuvé). — M. Mette, 1889 ; M. Lerdu,
1896 (Calvados).
Al 1885. — Calvados.
Par *Barberousse*, 1/2 s. N., et *Fanchette*, par *Rabin*, 1/2 s. N.
Sa grand'mère : par Lucullus. 1/2 s. N.
Saint-Lô : depuis 1889.

IAMBE, ex-**IBIS**. — H. N.
B. 1886. — Orne.
Par *Cherbourg*, 1/2 s. N., et *Violette*, par *Parthénon*, 1/2 s. N.
Sa grand'mère : par Norfolk-Trotter, 1/2 s. A.
Le Pin : depuis 1890.

IBIS. — H. N.
Bb. 1886. — Calvados.
Par *Lavater*, 1/2 s. N., et *Deuil*, par *Normand*, 1/2 s. N.
Sa grand'mère : Harriet, P. S. A., par Charlatan.
Saint-Lô : 1890-1903. — Réformé le 10 août.

ILOT. — H N.
B. 1886. — Calvados.
Par *Phaéton*, 1/2 s. N, et *Neustria*, par *Normand*, 1/2 s. N.
Sa grand'mère : par Eclipse, 1/2 s. N.
Saint-Lô : 1890-1903. — Réformé le 10 août.

IMPATIENT (approuvé). — M. Pierre, 1890 (Calvados).
M. Desgranges, 1900 (Manche).
Al. 1886. — Calvados.
Par *Delaware*, 1/2 s. N., et *Rose-Pompon*, par Brocardo, P. S. A.
Sa grand'mère : par Thésée, 1/2 s. N.
Sa bisaïeule : par Séduisant, 1/2 s. N.
Saint-Lô : 1890-1903.

INCANDESCENT, ex-**INTERPRÈTE**. — H. N.
B. 1886. — Manche.
Par *Utrecht* ou *Quinte-Curce*, 1/2 s. N., et *Castille*,
par Ménélas, 1/2 s. N.
Sa grand'mère : par Porthos, 1/2 s. N. (approuvé).
Saint-Lô : 1890-1902. — Réformé le 11 août.

INTENDANT. — H. N.
Al. 1886. — Sarthe.
Par *Beaugé*, 1/2 s. N., et *Belle-de-Jour*, par Inkermann, 1/2 s. N.
Sa grand'mère : Faternay, par Tipple-Cider, P. S. A.
Sa bisaïeule : par Eylau, P. S. A. Ar.
Saint-Lô : 1891-1903. — Réformé le 10 août.

INTÉRIM (approuvé). — M. Pierre 1890 (Calvados).
M. Auger 1901 (Calvados). — M. Lebeurrier 1905 (Manche).
B. 1886. — Orne.
Par *Usquebac*, 1/2 s. N., et *Duchesse*, par Inkermann, 1/2 s. N.
Sa grand'mère : par Séducteur, 1/2 s. N.
Saint-Lô : depuis 1890.

INTRÉPIDE. — H. N.
B. 1886. — Manche.
Par *Reynolds*, 1/2 s. N., et *Ugoline*, par Ugolin, 1/2 s. N.
Sa grand'mère : Silvia, par Nemrod, 1/2 s. N.
Saint-Lô : depuis 1890.

IONIEN (approuvé). — M. Voisin (Calvados).
B. 1886. — Manche.
Par *Colporteur*, 1/2 s. N., et *Castille*, par Teinturier, 1/2 s. N.
Saint-Lô : 1890-1904. — Non représenté.

ISARD (approuvé). — M. Lemonnier (Calvados).

B. 1892. — France.

Par *Valencourt*, 1/2 s. N., et *Pastille*, par Rivoli, 1/2 s. N.

Sa grand'mère : Suzon, par Phaëton, 1/2 s. N.
Sa bisaïeule : N., par Séducteur, 1/2 s. N.
Sa trisaïeule : N., par Jericko, 1/2 s. N.
Sa quadrisaïeule : N., par Paradox.
5e degré : N., par Y. Topper, 1/2 s. A.

Le Pin : 1898-1902. — Non représenté.

ISIGNY (approuvé). — M. Auger, 1890 (Calvados).
M. Cochard 1901 (Manche).

B. 1886. — Manche.

Par *Sorcier*, 1/2 s. N., et *Mignonne*, par Ratapoil, 1/2 s. N.
Sa grand'mère : par Lord, 1/2 s. N.
Saint-Lô 1890-1903. — Réformé.

ISPAHAN (approuvé). — Mme Ve Champion 1880.
M. Renault 1904 (Manche).

B. 1886. — Manche.

Par *Agnadel*, 1/2 s. N., et *Rigolette*, par Pater, 1/2 s. N.
Sa grand'mère : par Sammam, P. S. Ar.
Saint-Lô : 1890-1904. — Réformé.

IVOIRE (approuvé). — M. Le Marchand (Manche).

N. 1886. — Manche.

Par *Seigneur II*, P. S. A., et *Marengo*, par Ignoré, 1/2 s. N.
Sa grand'mère : par *Egesippe*, 1/2 s. N.
Saint-Lô : 1891-1903. — Réformé,

JAGELLON, ex-**MIC-MAC**. — H. N.

B. 1887. — Orne.

Par *Valencourt*, 1/2 s. N., et *Deborah*, par Conquérant, 1/2 s. N.

Sa grand'mère : Zélie, par Centaure, 1/2 s. N.
Sa bisaïeule : Julia, par Virgile, 1/2 s. N.
Sa trisaïeule : Fleurette, par Lully, P. S. A.

Saint-Lô : 1891-1902. — Réformé le 11 août.

JAGUAR (approuvé).

M. Perdriel, 1891 ; M. de Clamorgan. 1893 ;
M. Briset, 1898 (Manche).
B. 1887. — Manche.
Par *Lavater*, 1/2 s. N., et une fille de Télémaque, 1/2 s. N.
Sa grand'mère : Opal, par Ugolin, 1/2 s. N.
Sa bisaïeule : Mine-d'Or, par The Heir-of-Linne, P. S. A.
Sa trisaïeule : par Etendard, 1/2 s. N.
Sa quadrisaïeule : par Diomède, 1/2 s. N.
Saint-Lô : depuis 1891.

JAGUAR III. — H. N.

B. 1887. — Manche.
Par *Lavater*, 1/2 s. N., et *Friandise*, par Ministère, P. S. A.
Sa grand'mère : par El-Ghor, P. S. Ar.
Sa bisaïeule : par Giboyer, 1/2 s. N.
Sa trisaïeule : par Tarrare, P. S. A.
Sa quadrisaïeule : par Sauvage, 1/2 s. N.
5e degré : par Bob-Warwick, 1/2 s. A.
Le Pin 1892-1898. — Réintégré 1901-1904. — Réformé le 3 août.

JALAP (approuvé).

M. Lemesnager, 1891 ; M. Hirbec, 1895 (Manche).
B. 1887. — Manche.
Par *Epicurien*, 1/2 s. N., et une fille de Macouba, 1/2 s. N.
Saint-Lô : depuis 1891.

JALAP (accepté). — M. Pasquer (Victor) (Manche).

B. 1896. — Manche.
Par *Jalap*, 1/2 s. N.
Saint-Lô : depuis 1900.

JAMES-WATT. — H. N.

Al. 1887. — Orne.
Par *Phaëton*, 1/2 s. N., et *Dame-d'Honneur*,
par Vichnou, P. S. A.
Sa grand'mère : Mademoiselle-de-Neuville, par Elu, 1/2 s. N.
Sa bisaïeule : par Gaulois ou Inkermann, 1/2 s. N.
Sa trisaïeule : par Noteur, 1/2 s. N.
Sa quadrisaïeule : par Hercule, P. S. A.
Le Pin : depuis 1891.

JANVIER (approuvé). — M. Quesnel (P.), 1891 (Manche) ;
Mme Ve Quesnel, 1893 (Manche) ; M. Voisin, 1895 (Calvados).
Al. 1887. — Calvados.
Par *Dunois*, 1/2 s. N., et *L'Etoile*, par Phare, 1/2 s. N.
Sa grand'mère : Uzeline. par Uzel. 1/2 s. N.
Sa bisaïeule : Etoile, par Urus, 1/2 s. N.
Sa trisaïeule : par Orgueilleux, 1/2 s. N.
Saint-Lô : depuis 1891.

JAPHET. — H. N.
B. 1887. — Calvados.
Par *Eperlan*, 1/2 s. N., et *La Mascotte*, par Templier, 1/2 s. N.
Sa grand'mère : Atout, par Orphelin, 1/2 s. N. (approuvé).
Sa bisaïeule : par Usuel, 1/2 s. N. (approuvé).
Saint-Lô : 1891-1905. — Réformé le 1er août.

JARNAC. — H. N.
Bb. 1887. — Manche.
Par *Colporteur*, 1/2 s. N., et *Caroline*, par J'y-Songerai, 1/2 s. N.
Sa grand'mère : Castille, par Divus, 1/2 s. N.
Saint-Lô : 1891-1902. — Réformé le 11 août.

JARNAC (approuvé).
M. Nicolle. 1891 ; M. Voisin, 1891 (Calvados).
B. 1887. — Manche.
Par *Alsacien*, 1/2 s. N., et *Sophie*, par Mirliton, 1/2 s. N.
Sa grand'mère : par Bravo, P. S. A.
Sa bisaïeule : par Camisard, 1/2 s. N.
Saint-Lô : depuis 1891.

JAY (approuvé). — M. Godard, 1892 ; M. Dujardin, 1895 (Manche).
N. 1887. — Normandie.
Par *Acquila*, 1/2 s. N , et *N.*, par Niger, 1/2 s. N.
Sa grand'mère : par Stade, 1/2 s. N.
Sa bisaïeule : par Centaure, 1/2 s. N.
Saint-Lô : 1892-1902. — Non représenté.

JEAN-DE-NIVELLE. — H. N.
Bb. 1887. — Calvados.
Par *Coq-à-l'Ane*, 1/2 s. N., et *Galathée*, par Conquérant, 1/2 s. N.
Sa grand'mère : Bayadère, par Schamyl. P. S. A.
Sa bisaïeule : jument anglaise.
Saint-Lô : 1892-1902. — Réformé le 11 août.

JEFFERSON (approuvé). — M. P. Lemetayer, 1898 (Manche).

N. 1887. — Manche.

Par *Lavater*, 1/2 s. N., et *Follette II*, P. S. A

Saint-Lô : depuis 1891.

JEFFERSON (approuvé). — M. Allain (Manche) ;
M. Josseaume (Manche).

B. 1887. — Manche.

Par *Défendu*, 1/2 s. N., et une fille de Josaphat, 1/2 s. N.
Sa grand'mère : par William, P. S. A.
Saint-Lô : 1891-1905. — Non représenté.

JEFFREYS (approuvé). — M. Marquer (Manche).

N. 1887. — Calvados.

Par *Sobriquet*, 1/2 s. N., et *Bijou*, par Josaphat, 1/2 s. N.
Sa grand'mère : par Essence, 1/2 s. N.
Saint-Lô : depuis 1891.

JEUDI (approuvé).

M. Guillerme ; M. Lepileur, 1905 (Manche).

B. 1887. — Manche.

Par *Lavater*, 1/2 s. N., et *Prudente*, P. S. A.
Saint-Lô : depuis 1891.

JEUMONT, ex-**JÉHOVA**

Bb. 1887. — Calvados.

Par *Acquila*, 1/2 s. N., et *Mémorable*, par Elu, 1/2 s. N.
Sa grand'mère : par Valdemar, 1/2 s. N.
Sa bisaïeule : Sylvia, par Sylvio, P. S. A.
Le Pin : 1891-1904. — Réformé le 3 août.

JEUNE-TOUJOURS. — H. N.

Al. 1887. — Seine-Inférieure.

Par *Serpolet-Rouan*, 1/2 s. N., et *Pluta*, par Plutus, P. S. A.
Sa grand'mère : jument arabe de 1/2 s.
Le Pin 1894-1902. — Réformé le 22 août.

JOB II (autorisé).

M. Davranches-Journois (Seine-Inférieure).
B. 1900.
Par *Morning*, américain, et *Jeannette*, par Défenseur, 1/2. s. **N.**
Sa grand'mère : Ira, par Qu'en-dira-t'on, 1/2 s. N.
Le Pin : depuis 1904.

JOLIBOIS. — H. N.

B. 1887. — Orne.
Par *Cherbourg*, 1/2 s. N., et *Dora*, par Niger, 1/2 s. N.
Sa grand'mère : Écolière, par Extase, 1/2 s. N.
Sa bisaïeule : Thérézo, par Destin; 1/2 s. N.
Sa trisaïeule, Brillante, par Jéricko, 1/2 s. N.
Sa quadrisaïeule : N., par Basly, 1/2 s. N.
5ᵉ degré : N., par Impérieux, 1/2 s. N.
Saint-Lô : depuis 1891.

JOSAPHAT. — H. N.

B. 1887. — Orne.
Par *Cherbourg*, 1/2 s. N., et *Malvina*, par Buci, 1/2 s. N.
Sa grand'mère : par Aï, 1/2 s. N.
Le Pin : 1891-1902. — Réformé le 22 août.

JOUFFROY. — H. N.

B. 1887. — Orne.
Par *Edimbourg*, 1/2 s. N., et *Impérieuse*, par Taconnet 1/2 s. N.
Sa grand'mère : Brocardine, par Brocardo, P. S. A.
Le Pin : 1891-1904. — Mort le 29 décembre.

JOUVENCEAU. — H. N.

Al. 1887. — Orne.
Par *Cambronne*, 1/2 s. N., et *Aubade*, par Quiclet, 1/2 s. N.
Sa grand'mère : par Hannon, 1/2 s. N.
Saint-Lô : 1892-1905. — Réformé le 1ᵉʳ août.

JUBÉ, ex-JAVELOT. — H. N.

B. 1887. — Manche.
Par *Vert-Galant*, 1/2 s. N., et *Castille*, par Newton, 1/2 s. N.
Sa grand'mère : par Électeur, 1/2 s. N.
Saint-Lô : 1891-1904. — Réformé le 5 août.

JUPITER III. — H. N.

Al. 1887. — Manche.

Par *Reynolds*, 1/2 s. N., et *Virgule*, par Lavater, 1/2 s. N.
Sa grand'mère : Isabelle, par Mathurin, 1/2 s. N.
Sa bisaïeule : Bijou, par Sackos, 1/2 s. N. (approuvé).
Sa trisaïeule : par Lahore, 1/2 s. N.

Saint-Lô : 1891-1905. — Réformé le 1er août.

JUSANT. — H. N.

B. 1887. — Orne.

Par *Phaëton*, 1/2 s. N., et *Béatrix*, par Niger, 1/2 s. N.
Sa grand'mère : Drôlesse, par Pledge, 1/2 s. N.
Sa bisaïeule : N., par Dupleix, 1/2 s. N.
Sa trisaïeule : N., par Pilote 1/2 s. N.
Sa quadrisaïeule : N., par Bacha, P. S. Ar.

Saint-Lô : 1891-1903. — Mort le 25 décembre.

JUSTIN (approuvé).

MM. Hirard, 1891 ; Le Marchand, 1894 (Manche).

B. 1887. — Manche.

Par *Betting*, 1/2 s. N.,
Saint-Lô : 1891-1905. — Réformé.

JUVIGNY. — H. N.

N. 1887. — Orne.

Par *Cherbourg*, 1/2 s. N., et *Formosa*, par Niger, 1/2 s. N.
Sa grand'mère : Confiance, par Gaulois. 1/2 s. N.
Sa bisaïeule : par Brocardo, P. S. A.
Sa trisaïeule : par Performer, 1/2 s. A.
Sa quadrisaïeule : par Massoud, P. S. Ar.

Le Pin : depuis 1891.

KABAK. — H. N.

Al. 1888. — Manche.

Par *Darnétal*, 1/2 s. N., et *Sophie*, par Théophile, 1/2 s. N.
Saint-Lô : depuis 1892.

KACHEMIR. — H. N.

N. 1888. — Orne.

Par *Phaëton*, 1/2 s. N., et *Fille-Normande*, par Normand, 1/2 s. N.
Sa grand'mère : Théréza, par Hannon, 1/2 s. N.
Sa bisaïeule : par Élu, 1/2 s. N.
Sa trisaïeule : Pégriote, par Eylau, P. S. A.-Ar.
Sa quadrisaïeule : jument arabe.

Le Pin : 1892-1902. — Réformé le 17 décembre.

KADMOR. — H. N.
N. 1888. — Orne.
Par *Barrabas*, 1/2 s. N., et *Coquette*, par Kilomètre, 1/2 s. N.
Le Pin : 1892-1903. — Réformé le 10 août.

KALI. — H. N.
N. 1888. — Orne.
Par *Phaëton*, 1/2 s. N., et *Juana*, par Lavater, 1/2 s. N.
Sa grand'mère : Orientale, par Quaker, 1/2 s. N.
Sa bisaïeule : Scolopendre, par Succès, 1/2 s. N.
Sa trisaïeule : Elisa, par Corsair, 1/2 s. A.
Sa quadrisaïeule : Elise, par Marcellus, P. S. A.
5e degré : La Panachée, par D.-J.-O., P. S. A.
6e degré : N., par Matador, 1/2 s. N.
7e degré : N., par Sommerset, 1/2 s. A.
Saint-Lô : 1892-1902. — Réformé le 11 août.

KALMIA (approuvé). — M. Delaborde-Nogues (Seine-Inférieure).
N. 1887. — (Calvados).
Par *Tigris*, 1/2 s. N., et *Bank-Note*, par Normand, 1/2 s. N.
Sa grand'mère: Débutante, P. S. A., par Pretty-Boy.
Le Pin : depuis 1893.

KALOS (approuvé). — M. Raisin, 1892 (Manche).
B. 1888. — Normandie.
Par *Domino-Noir*, 1/2 s. N., et *N.*, par Garde-à-Vous, 1/2 s. N.
Saint-Lô : depuis 1892.

KAMICHI. — H. N.
N. 1888. — Calvados.
Par *Archibald*, 1/2 s. N., et *Jouvette*, par Bisson, 1/2 s. N.
Saint-Lô : depuis 1892.

KAMTCHATKA. — H. N.
Al. 1888. — Calvados.
Par *Confirmé*, 1/2 s. N., et *Poulot*, par Ribaud, 1/2 s. N.
Sa grand'mère : par Phare, 1/2 s. N.
Saint-Lô : depuis 1892.

KANARIS. — H. N.
B. 1888. — Manche.
Par *Pétrarque*, 1/2 s. N., et *Parfaite*, par Pater, 1/2 s. N.
Sa grand'mère : par Malakoff, 1/2 s. N.
Saint-Lô : 1892-1905. — Réformé le 1er août.

KARA (approuvé). — M. Rossignol (Eure).
B. 1886. — Normandie.
Par *Tigris*, 1/2 s. N., et une fille d'Oronte, 1/2 s. N.
Le Pin : 1893-1902. — Non représenté.

KARIBON (approuvé). — M. Gost, 1892 ; M. Morel, 1893
(Calvados); M. Bon (Louis), 1897; M. Marie-François, 1903 (Manche).
Bb. 1888. — Manche.
Par *Filateur*, 1/2 s. N., et *Coquette*, par Bien-Aimé, 1/2 s. N.
(approuvé).
Sa grand'mère : Dictateur, par Dictateur, 1/2 s. N.
Le Pin : 1892. — Saint-Lô : depuis 1893.

KARNAC, ex-**KILOMÈTRE**. — H. N.
B. 1888. — Orne.
Par *Cherbourg*, 1/2 s. N., et *Juliana*, par Elu, 1/2 s. N.

Sa grand-mère : Voyageuse, par Gaulois, 1/2 s. N.
Sa bisaïeule : Brillante, par Jéricko, 1/2 s. N.
Sa trisaïeule : Ida, par Basly, 1/2 s. N.
Sa quadrisaïeule : par Impérieux, 1/2 s. N.

Le Pin : 1892-1902. — Réformé le 22 août.

KÉLAT. — H. N.
N. 1888. — Orne.
Par *Edimbourg*, 1/2 s. N., et *La Fontaine*, par Niger, 1/2 s. N.

Sa grand-mère : Indépendante, par Trouville, P. S. A.
Sa bisaïeule : Alphérie, par Fitz-Pantaloon, P. S. A.
Sa trisaïeule : Ida II, par William, P. S. A.
Sa quadrisaïeule : Ida, par Basly, 1/2 s. N.
5e degré : par Impérieux, 1/2 s. N.
Le Pin : 1892-1902. — Réformé le 22 août.

KENT. — H. N.
B. 1888. — Orne.
Par *Cherbourg*, 1/2 s. N., et *Glorieuse*, par Séducteur, 1/2 s. N.

Sa grand'mère : Écolière, par Extase, 1/2 s. N.
Sa bisaïeule : Thérésa, par Destin, 1/2 s. N.
Sa trisaïeule : Brillante, par Jéricko, 1/2 s. N.
Sa quadrisaïeule : Ida II, par William, P. S. A.
5e degré : Ida I, par Basly, 1/2 s. N.
6e degré : N., par Impérieux, 1/2 s. N.
Saint-Lô : depuis 1892.

KÉPI (approuvé. . — M. Tocques (Eure).

B. 1888. — Eure.

Par *Flibustier*, 1/2 s. N., et *Thérence*, par Kilomètre, 1/2 s. N.

Sa grand'mère : Gazelle, par Bayard ou Bassompierre, 1/2 s. N.
Sa bisaïeule : Young Baroness, P. S. A., par The Baron et Isole.

Le Pin : depuis 1895.

e).

KIFFIS. — H. N.

N. 1888. — Orne.

Par *Edimbourg*, 1/2 s. N., et *Capucine*, par Phaëton, 1/2 s. N.

Sa grand'mère : Pâquerette, par Quiclet, 1/2 s. N.
Sa bisaïeule : par Noteur, 1/2 s. N.
Sa trisaïeule : par Courtisan, 1/2 s. N.
Sa quadrisaïeule : par Merlerault, P. S. A.
5e degré : par Eylau, P. S. A. Ar.

Le Pin : depuis 1892.

KILBURN. — H. N.

B. 1888. — Manche.

Par *Utrecht*, 1/2 s. N., et *Volanté*, par Quality, 1/2 s. N.

Sa grand'mère : par Victorieux, 1/2 s. N.
Sa bisaïeule : par Volcan, 1/2 s. N.

Saint-Lô : 1892-1903. — Réformé le 10 août.

KING (approuvé).

M. de Tesson, 1892 ; M. Le Marchand, 1893 (Manche).

Bb. 1888. — Manche.

Par *Frondeur*, 1/2 s. N., et *Cascade*, par Lavater, 1/2 s. N.

Sa grand'mère : par The Heir-of-Linne, P. S. A.
Sa bisaïeule : par Lagopède, 1/2 s. N.

Saint-Lô : 1892-1904. — Mort.

KIOSQUE (approuvé). — M. Blier (Manche).

N. 1888. — Manche.

Par *Facteur*, 1/2 s. N., et *Blanc-Pie*, par Vol-au-Vent, 1/2 s. N.

Sa grand'mère : par Index, 1/2 s. N.

Saint-Lô : depuis 1892.

KIRSCH. — H. N.

B. 1888. — Orne.

Par *Etudiant*. 1/2 s. N., et *Glaneuse*,
par Parthénon, 1/2 s. N.

Sa grand'mère : N. par Séducteur, 1/2 s. N.
Sa bisaïeule : N., par Tipple-Cider, P. S. A.
Sa trisaïeule : N., par Sylvio, P. S. A.

Saint-Lô : 1892-1902. — Réformé le 17 décembre.

KIRSCH. — H. N.

B. 1888. — Orne.

Par *Etudiant*, 1/2 s. N., et *Fatma*, par Serpolet-Bai, 1/2 s. N.

Sa grand'mère : Camélia, par Élu, 1/2 s. N.
Sa bisaïeule : Crinoline, par Séducteur, 1/2 s. N.
Sa trisaïeule : Orpheline, P. S. A., par Fitz-Gladiator.

Le Pin : depuis 1892.

KISS. — H. N.

Al. 1888. — Orne.

Par *Vigilant*, P. S. A., et *Trompeuse*.
par Fitz-Pantaloon, P. S. A.

Sa grand'mère : par Séducteur, 1/2 s. N.

Saint-Lô : depuis 1892.

KISS (approuvé). — M. L. Hardy, 1892; M. Richard 1903
(Manche).

Bb. 1888. — Manche.

Par *Ministère*, P. S. A . et *N*., par Ignoré, 1/2 s. N.

Sa grand'mère : par Tamerlan, 1/2 s. N.
Sa bisaïeule : par Paternel, 1/2 s. N.
Sa trisaïeule : par Jay, 1/2 s. N.

Saint-Lô : depuis 1892.

KONING (approuvé). — M. Vergeon, 1893; M. Vaudry, 1901
(Calvados).

N. 1888. — Normandie.

Par *Farnèse*, 1/2 s. N., et *Lisa*, par Utrecht, 1/2 s. N.

Sa grand'mère : Blanc-Pieds, par Egesippe, 1/2 s. N.
Sa bisaïeule : par Marengo, P. S. A.

Saint-Lô : depuis 1893.

KORRIGAN. — H. N.

B. 1888. — Calvados.

Par *Valère*, 1/2 s. N., et *File-Vite*.
par Jackson, 1/2 s. A.

Sa grand'mère : par Juvigny, 1/2 s. N.

Saint-Lô : 1892-1902. — Réformé le 11 août.

KOSIKI, ex-KIRSCH. — H. N.

B. 1888. — Manche.

Par *Colporteur*, 1/2 s. N., et *Bravade*, par Lavater, 1/2 s. N.

Sa grand'mère : Allumette, par The Heir-of-Linne, P. S. A.

Sa bisaïeule : Kindler, par Eylau, P. S. A.-Ar.

Sa trisaïeule : Kindler, par North-Star, 1 2 s. A.

Saint-Lô : 1892-1901. — Réformé le 5 août.

KRISS, ex-KIRSCH. — H. N.

N. 1888. — Orne.

Par *Jadis*, 1/2 s. N., et *Florence*. par Valdempierre, 1/2 s. N.

Sa grand'mère : par Niger, 1/2 s. N.

Le Pin : depuis 1892.

KRONSTADT, ex-LIONCEAU. — H. N.

B. 1888. — Sarthe.

Par *Cherbourg*, 1/2 s N., et *Bluette*. par Quiclet, 1/2 s. N.

Sa grand'mère : Fleur-de-Genêt, par Gall, 1 2 s. N.

Saint-Lô : depuis 1892.

KYMRIS. — H. N.

B. 1888. — Calvados.

Par *Phare*, 1/2 s. N., et *Mouton*, par Ribaud. 1/2 s. N.

Sa grand'mère : par Glorieux, 1/2 s. N.

Saint-Lô : 1892-1903. — Réformé le 10 août.

LABRADOR. — H. N.

B. 1889. — Orne.

Par *Cherbourg* et *Glorieuse*, par Séducteur, 1/2 s. N.

Sa grand'mère : Écolière, par Extase, 1/2 s. N.

Sa bisaïeule : Theresa, par Destin, 1/2 s. N.

Sa trisaïeule : Brillante, par Jericko, 1/2 s N.

Sa quadrisaïeule : Ida Ii, par William, P. S. A.

5e degré : Ida I, par Basly, 1/2 s. N.

6e degré : N., par Impérieux, 1/2 s. N.

Saint-Lô : depuis 1893.

LAITON. — H. N.
Bb. 1889. — Calvados.
Par *Delaware*, 1/2 s. N., et *Arlette*, par Unal, 1/2 s. N.
Sa grand'mère : par Sillery. 1/2 s. N.
Saint-Lô : depuis 1893.

LAMI (accepté). — M. Mendret (P.) (Manche).
B. 1896. — Manche.
Par *Goudron*, 1/2 s. N.
Saint-Lô : depuis 1901.

LAMI (accepté). — M. Lemaître (Louis), 1903 (Manche).
B. 1890. — Manche.
Par *Vert-Luron*, 1/2 s. N.
Saint-Lô : depuis 1894.

LAMI (accepté).
M. Durel, 1895 ; M. Fleury (François), 1903 (Manche).
M. Lahaye, 1905.
Bb. 1891. — Manche.
Par *Hochet*, 1/2 s. N., et *Courtomer*, 1/2 s. N,
Saint-Lô : depuis 1895.

LAMI (accepté). — M. Leroux (Henri) (Manche).
B. 1894. — Manche.
Par *Hourvari*, 1/2 s. N.
Saint-Lô : depuis 1899.

LANDEAU (approuvé). — M. Pierre, 1893 (Calvados) ;
M. Le Marchand, 1899 (Manche).
Bb. 1889. — Normandie.
Par *Raming*, 1/2 s. N., et *Reblot*, par Sir-Henry, 1 2 s. N.
Saint-Lô : 1893-1905. — Réformé.

LANGEAC. — H. N.
B. 1889. — Calvados.
Par *Templier*, 1/2 s. N., et *Bijou*, par Wild-Bird, P. S. A.
Saint-Lô : 1893-1903. — Réformé le 10 août.

LANLEFF, ex-LURON. — H. N.
B. 1889. — Calvados.
Par *Etendard*, 1/2 s. N., et *Fleur-de-Mai*, par Phaéton, 1/2 s. N.
Sa grand'mère : par Séducteur, 1/2 s. N.
Le Pin : 1893-1903. — Réformé le 10 août.

LANNION. — H. N.
B. 1889. — Manche.
Par *Fulminant*, 1/2 s. N.
Fulminant, 1/2 s. N., et Mignonne, par Unanime, 1/2 s. N. (app.).
Saint-Lô : depuis 1893.

LAPIN (accepté). — Leroy (Alf.) (Manche).
B. 1889. — Manche.
Par *Gourmet*, 1/2 s. N., et *Bijou*, par Nonant, 1/2 s. N.
(approuvé).
Saint-Lô : depuis 1894.

LARA. — H. N.
B. 1889. — Manche.
Par *Écarté*, 1/2 s. N., et *Mignonne*, par Aveyron, 1/2 s. N.
Sa grand'mère : par Newton, 1/2 s. N.
Saint-Lô : depuis 1893.

LAURIER. — H. N.
B. 1889. — Calvados.
Par *Estèphe* et *Brillante*, par Volcan, 1/2 s. N. (approuvé).
Sa grand'mère : N., par Washington, 1/2 s. All.
Sa bisaïeule : N., par Niger, 1/2 s. N. (approuvé).
Saint-Lô : depuis 1893.

LAVATER II (approuvé). — M. Loslier (Manche).
Bb. 1889. — Manche.
Par *Gil-Blas*, 1/2 s. N., et *Lisa*, par Quine, 1/2 s. N.
Sa grand'mère : par Lagopède, 1/2 s. N.
Saint-Lô : depuis 1893.

LAVOISIER, ex-COLPORTEUR. — H. N.
B. 1889. — Manche.
Par *Colporteur*, 1/2 s. N., et *Volante*, par Nicanor, 1/2 s. N.
Sa grand'mère : Sophie, par Fire-Away, 1/2 s. A.
Saint-Lô : 1893-1902. — Réformé le 17 décembre.

LÉANDRE, ex-**SOT-L'Y-LAISSE**. — H. N.
B. 1889. — Sarthe.
Par *Edimbourg*, 1/2 s. N , et *Jeune-Elisa*, par Kapirat, 1/2 s. N.
Sa grand'mère : Elisa, par Corsair, 1/2 s. A.
Sa bisaïeule : Elise, par Marcellus, P. S. A.
Sa trisaïeule : La Panachée, par D.-I.-O., P. S. A.
Sa quadrisaïeule : La Belle-Matador, par Matador, 1/2 s. N.
5e degré : N., par Sommerset, 1/2 s. A.
Saint-Lô : 1893-1902. — Réformé le 11 août.

LE RAT (accepté). — M. Osmont (B. A.) (Manche).
B. 1899. — Manche.
Par *Qualiteux*, ex-*Quiberon*, 1/2 s. N.
Saint-Lô : 1903. — Non représenté.

L'ESTAFETTE (approuvé). — M. de Tesson, 1895 ; M. Renault,
1904 (Manche).
Bb. 1889. — Normandie.
Par *Etendard*, 1/2 s. N., et *Historienne*, par Acquila, 1/2 s. N.
Sa grand'mère : par Normand, 1/2 s. N.
Saint-Lô : depuis 1894.

LEVEREAU. — H. N.
B. 1889. — Calvados.
Par *Eperlan*, 1/2 s. N., et *Fanchette*, par Phare, 1/2 s. N.
Sa grand'mère : par Madère, 1/2 s. N.
Le Pin : 1893-1904. — Réformé le 3 août.

LEVRAUT, ex-**LEVEREAU**. — H. N.
Al. 1888. — Sarthe.
Par *Phaëton*, 1/2 s. N., et *Fleur-de-Genêt*, par Gall, 1/2 s. N.
Sa grand'mère : Belle-de-Jour, par Inkermann, 1/2 s. N.
Sa bisaïeule : Fatmey, par Tipple-Cider, P. S. A.
Sa trisaïeule : N., par Eylau, P. S. A.-Ar.
Saint-Lô : 1892-1904. — Mort le 18 juillet

LEVRIER, ex-**INCONNU**. — H. N.
B. 1889. — Manche.
Par *Estbly*, 1/2 s. N., et *Lisa*, par Sénéchal, 1/2 s. N.
Sa grand'mère : Sophie, par Mirliton, 1/2 s. N.
Sa bisaïeule : Mignonne par Bravo, P. S. A.
Sa trisaïeule : Mouvette, par Camisard, 1/2 s. N.
Sa quadrisaïeule : par Hippocrate, 1/2 s. N.
Saint-Lô : depuis 1893.

LIBÉRATEUR (approuvé). — M. H. Busnel, 1893 (Calvados) ;
M. Lepileur, 1904 (Manche).
Bb. 1889. — Manche.
Par *Ermite*, 1/2 s. N., et *Orpheline*, par Léotard, 1/2 s. N.
Sa grand'mère : par Vingt-Mars, 1/2 s. N.
Saint-Lô : depuis 1893.

LILAS. — H. N.
B. 1889. — Orne.
Par *Fier-à-Bras*, 1/2 s. N., et *Pâquerette*, par Koping, 1/2 s. N.
Sa grand'mère : par Séducteur, 1/2 s. N.
Saint-Lô : 1893-1904. — Réformé le 5 août.

LIMIER, ex-**LUXEMBOURG**. — H. N.
B. 1889. — Manche.
Par *Colporteur*, 1/2 s. N., et *Miss-Boy*, par Pretty-Boy, P. S. A.
Sa grand'mère : par Divus, 1/2 s. N.
Sa bisaïeule : par Ravissant, 1/2 s. N.
Saint-Lô : 1893-1903. — Réformé le 10 août.

LINCOLN (approuvé). — M. Lebeurrier (Manche).
B. 1889. — Manche.
Par *Ballon*, P. S. A., et *Sophie*, par Ignoré, 1/2 s. N.
Sa grand'mère : par Lagopède, 1/2 s. N.
Saint-Lô : depuis 1893.

LINDOR. — H. N.
Bb. 1889. — Calvados.
Par *Etendard*, 1/2 s. N., et *Camélia*, par Montfort, P. S. A.
Sa grand'mère : Vaillante, par Interprète, 1/2 s. N.
Sa bisaïeule : N., par Buci, 1/2 s. N.
Sa trisaïeule : N., par Ramsay, P. S. A.
Saint-Lô : 1893-1902. — Réformé le 11 août.

LIONCEAU (approuvé). — M. Loslier (Manche).
B. 1880. — Manche.
Par *Hélios*, 1/2 s. N., et *Lise*, par Quinc, 1/2 s. N.
Sa grand'mère : par Lagopède, 1/2 s. N.
Saint-Lô : 1884-1901. — Réformé après la monte.

LISON. — H. N.

B. 1889. — Orne.

Par *Usquebac*, 1/2 s. N., et *Fleur-de-Mai*, par Quiclet, 1/2 s. N.
Sa grand'mère : N., par Solide, 1/2 s. N.
Sa bisaïeule : Diane, par Eylau, P. S. A.-Ar.
Sa trisaïeule : Vendetta, par Mahomet, 1/2 s. N.

Saint-Lô : 1893-1903. — Mort le 27 juillet.

LIVAROT approuvé). — M. Lemardelé (Manche).

Bb. 1899. — Normandie.
Par *Quality*, 1/2 s. N., et *Almée*, par Ministère, P. S. A.
Sa grand'mère : fille de Pretty-Boy, P. S. A.
Saint-Lô : 1893-1904.

LIVERPOOL. — H. N.

B. 1889. — Calvados.
Par *Don-Quichotte*, 1/2 s. N., et *Miss-Quality*,
par Quality, 1/2 s. N.
Sa grand'mère : par Ignoré, 1/2 s. N.
Saint-Lô : depuis 1893.

LOLLIERON (approuvé). — M. d'Abzac (Seine-et-Oise).

Ro. 1897. — France.
Par *Lollierou*, 1/2 s. B., et *Rosette*.
Le Pin : 1901-1905. — Vendu.

LOQUETON (approuvé). — M. Perdriel, 1893 (Calvados) ;
M. Delarue, 1895 ; M. Allain, 1896 (Manche).
Bb. 1889. — Manche.
Par *Shamrock*, 1/2 s. A., et *Marinette*, par Bon-Espoir ou Electro,
1/2 s. N.
Saint-Lô : depuis 1893.

LORIOT (approuvé). — M. de Tesson, 1894 ; M. Hubert
(Pierre), 1904 (Manche).
Bb. 1889. — Calvados.
Par *Tigris*, 1/2 s. N., et *Deuil*, par Normand, 1/2 s. N.
Sa grand'mère : Harriett, P. S. **A.**, par Charlatan.
Saint-Lô : depuis 1894.

LUBIN (approuvé). — M. Tocque (**Eure**).
B. 1889. — France.
Par *Serpolet-Rouan*, 1/2 s. N., et *Risette*, par Bayard, 1/2 s. N.
Sa grand'mère : jument anglaise.
Le Pin : depuis 1898.

LUCIFER. — H. N.
N. 1889. — Orne.
Par *Cherbourg*, 1/2 s. N., et *Volupté*, par Niger, 1/2 s. N.
Sa grand'mère : Hermine, par Eclipse, 1/2 s. N.
Sa bisaïeule : par Wild-Fire, 1/2 s. A.
Sa trisaïeule : par Massoud, P. S. Ar.
Le Pin : depuis 1893.

LUISANT (approuvé). — M. Lelégard (Manche).
Bb. 1889. — Normandie.
Par *Utrecht*, 1/2 s. N., et *Coquette*, par Cauchemar, 1/2 s. N.
Sa grand'mère : par Quickly, 1/2 s. N.
Saint-Lô : 1893-1895. — Non représenté.

LURON. — H. N.
Al. 1889. — Calvados.
Par *Etendard*, 1/2 s. N., et *Pauvrette*, par Domino-Noir, 1/2 s. N.
Sa grand'mère : par Ambition, 1/2 s. A.
Saint-Lô : depuis 1893.

LYNX, ex-**GIBRALTAR**. — H. N.
B. 1889. — Manche.
Par *Gibraltar*, 1/2 s. N., et *Quality*, par Quality, 1/2 s. N.
Sa grand'mère : Newtone, par Newton, 1/2 s. N.
Sa bisaïeule : Agenda, par Agenda, 1/2 s. N.
Sa trisaïeule : Ugoline, par Ugolin, 1/2 s. N.
Sa quadrisaïeule : N., par Electeur, 1/2 s. N.
Saint-Lô : 1893-1904. — Réformé le 5 août.

MAC-GREGOR. — H. N.
B. 1890. — Calvados.
Par *Hardy*, 1/2 s. N., et *Fétiche*, par Rivoli, 1/2 s. N.
Sa grand'mère : Royale-Normande, par Normand, 1/2 s. N.
Sa bisaïeule : Royale-Topaze, P. S. A.
Saint-Lô : 1894-1905. — Réformé le 1er août.

MACOUBA. — H. N.

B. 1890. — Orne.

Par *Cherbourg*, 1/2 s. N., et *Harmonie*, par Conquérant, 1/2 s. N.

Sa grand'mère : par Thorigny, 1/2 s. N.
Sa bisaïeule : Harlow, par The Norfolk-Phœnomenon, 1/2 s. A.

Saint-Lô : depuis 1894.

MADAR, ex-MOUSQUETAIRE. — H. N.

Bb 1890. — Calvados.

Par *Saint-Rigomer* ou *Éclaireur*, 1/2 s. N., et *La Montaigne*,
par Interprète, 1/2 s. N.

Sa grand'mère : Léa, par Montaigne, 1/2 s. N.
Sa bisaïeule : N., par Mahomet, 1/2 s. N.

Saint-Lô : depuis 1894.

MADRÉ (approuvé). — M. Lebel (Manche).

B. 1890. — Manche.

Par *Franconi*, 1/2 s. N., et *Plaisante*, par Shamrock, 1/2 s. A.

Sa grand'mère : Cocotte, par Urus, 1/2 s. A.
Sa bisaïeule : par Borisow, 1/2 s. N.
Sa trisaïeule : par Électeur, 1/2 s. N.

Saint-Lô : depuis 1894.

MAGICIEN (approuvé). — M. Duguey-Cher, 1895 ;

M. Leroy, 1903 (Manche).

B. 1890. — Normandie.

Par *Exéat*, 1/2 s. N., et *Pomponnette*, par Vite, 1/2 s. N.

Sa grand'mère : par Bon-Espoir, 1/2 s. N.
Saint-Lô : depuis 1905.

MAHÉ. — H. N.

B. 1890. — Orne.

Par *Cherbourg*, 1/2 s. N., et *Formosa*, par Niger, 1/2 s. N.

Sa grand'mère : Confiance, par Gaulois, 1/2 s. N.
Sa bisaïeule : N., par Brocardo, P. S. A.
Sa trisaïeule : N., par Performer, 1/2 s. A.
Sa quadrisaïeule : N., par Massoud, P. S. Ar.

Saint-Lô : depuis 1894.

MAHOMET II. — H. N.
B. 1890. — Orne.
Par *Etudiant*, 1/2 s. N , et *La Serrière*, par Quiclet, 1/2 s. N.;
Sa grand'mère : par Parthénon, 1/2 s. N.
Le Pin : depuis 1894.

MAJOR. — H. N.
B. 1890. — Orne.
Par *Edimbourg*, 1/2 s. N. et *Printannière*, par Vermouth, **P. S. A.**
Sa grand'mère : Trompeuse, par Fitz-Pantaloon, **P.S.A.**
Sa bisaïeule : N., par Séducteur, 1/2 s. N.
Saint-Lô : 1894-1903. — Réformé le 10 août.

MALAKOFF. — H. N.
B. 1890. — Calvados.
Par *Stade*, 1/2 s. N., et *Flora*, par Duroc, 1/2 s. N.
Sa grand'mère : par Roncevaux, 1/2 s. N.
Saint-Lô : 1894-1904. — Réformé le 5 août.

MANCINI. — H. N.
B. 1890. — Orne.
Par *Edimbourg*, 1/2 s. N., et *Giselle*, par Phaëton, 1/2 s. N.
Sa grand'mère : Rosamonde, par Quiclet, 1/2 s. N.
(Voir *Giselle*, T. II, et *Hallencourt*, T. I.)
Saint-Lô : depuis 1894.

MANDARIN (approuvé). — M. Belloir, 1894 ;
M. Lebeurrier (Jules), 1900.(Manche).
B. 1890. — Manche.
Par *Dacapo*, 1/2 s. N., et *Virginie*, par Conquérant, 1/2 s. N
Sa grand'mère : Dame-de-Pique, par The Norfolk-Phœnomenon
1/2 s. A.
Sa bisaïeule : par Tipple-Cider, **P. S. A.**
Saint-Lô : 1894-1903. — Mort.

MARCEAU (approuvé). — M. Guillerme (Manche).
B. 1890. — Manche.
Par *Colporteur*, 1/2 s. N., et *Gloriette*, par Télémaque, 1/2 s. N.
Sa grand'mère : Mignonne, par Kapiral, 1/2 s. N.
Saint-Lô: depuis 1895.

MARCELET. — H. N.
B. 1890. — Orne.
Par *Cherbourg*, 1/2 s. N., et *Farandole*, par Phaëton, 1/2 s. N.
Sa grand'mère : Conquête, par Conquérant, 1/2 s. N.
Sa bisaïeule : Mazurka, par Inkermann, 1/2 s. N.
Sa trisaïeule : Cocotte, par Noteur, 1/2 s. N.
Sa quadrisaïeule : par Rémus, 1/2 s. N.
Saint-Lô : depuis 1894.

MARCHE (approuvé). — M. Pichard (Seine-et-Oise).
Bb. 1890. — Normandie.
Par *Fuschia*, 1/2 s. N., et *Gauloise*, par Dictateur, 1/2 s. N.
Sa grand'mère : Ophéide, par Orphée, 1/2 s. N.
Sa bisaïeule : N., par Giboyer, 1/2 s. N.
Le Pin : depuis 1898.

MARCHEUR. — H. N.
Bb. 1890. — Manche.
Par *Colporteur*, 1/2 s. N., et *Epinglette*, par Lavater 1/2 s. N.
Sa grand'mère : Stella, P. S. A., par Montfort,
Saint-Lô : 1894-1905. — Réformé le 1er août.

MARCHIS. — H. N.
B. 1890. — Manche.
Par *Dacapo*, 1/2 s. N., et *Sonnette*, par Shamrock, 1/2 s. A.
Sa grand'mère : par Géant-des-Batailles, P. S. A.
Saint-Lô : depuis 1894.

MARENGO. — H. N.
B. 1890. — Sarthe.
Par *Edimbourg*, 1/2 s. N., et *Verveine*, par Phaëton, 1/2 s. N.
Sa grand'mère : Brillante, par Abrantès, 1/2 s. N.
Sa bisaïeule : N., par Tipple-Cider, P. S. A.
Sa trisaïeule : N., par Eylau, P. S. A.-Ar.
Saint-Lô : depuis 1894.

MARLY (autorisé). — M. Douesnel (Calvados).
Al. 1890. — Manche.
Par *Etendard*, 1/2 s. N., et *Airelle II*, par Conquérant, 1/2 s. N.
Sa grand'mère : Airelle, par The Norfolk-Phœnomenon, 1/2 s. A.
Sa bisaïeule : Miss-Pierce, par Succès, 1/2 s. N.
Sa trisaïeule : Lady-Pierce, américaine.
Le Pin : 1897-1902.
Saint-Lô : 1903.

MASTRILLO. — H. N.
Al. 1890. — Orne.
Par *Gérardmer*, 1/2 s. N., et *Albertine*, par Norfolk-Trotter,
1/2 s. A.
Sa grand'mère : N., par Valdémar, 1/2 s. N,
(Voir *Albertine*, T. II.)
Saint-Lô : depuis 1894.

MATADOR. — H. N.
B. 1890. — Calvados.
Par *Ermite*, 1/2 s. N., et *Rapide*, par Orfila, 1/2 s. N.
Sa grand'mère : Mouton, par Grégoire, 1/2 s. N. (approuvé),
Saint-Lô : 1894-1903. — Réformé le 10 août.

MAULÉON (approuvé). — M. Morcel (Calvados).
N. 1890. — Calvados.
Par *Union-Jack*, 1/2 s. N., et *Bichette*, par Jules-César, 1/2 s. N,
Sa grand'mère : par Essence, 1/2 s. N,
Saint-Lô : depuis 1894.

MERVILLE. — H. N.
B. 1890. — Orne.
Par *Edimbourg*, 1/2 s. N., et *Glaneuse*, par Parthenon, 1/2 s. N.
Sa grand'mère : par Séducteur, 1/2 s. N,
(Voir *Glaneuse*, T. II.)
Saint-Lô : depuis 1894.

MÉRY (accepté). — M. Leheuzey (Manche).
Bb. 1890. — Manche.
Par *Fontenay*, 1/2 s. N., et f. d'*Aristocrate*, 1/2 s. N.
Sa grand'mère : par Pretty-Boy, P. S. A.
Saint-Lô : 1895-1898. 1900-1904. — Non représenté.

MESSAGE. — H. N.
B. 1890. — Orne.
Par *Cherbourg*, 1/2 s. N., et *Lucrèce*, par Centaure, 1/2 s. N.
Sa grand'mère : Esméralda, 1/2 s. A., par Lully, P. S. A.
Sa bisaïeule : fille de Chesterfield-Junior, P. S. A.
Sa trisaïeule : fille de Pickpocket, P. S. A.
(Voir *Lucrèce*, T. II.)
Saint-Lô : 1894-1905. — Réformé le 1er août.

MESSIDOR. — H. N.

Bb. 1890. — Orne.

Par *Edimbourg*, 1/2 s. N., et *Stella*, par Niger, 1/2 s. N.

Sa grand'mère : Elégante, par Gall, 1/2 s. N.
Sa bisaïeule : par Jéricko, 1/2 s. N.
Sa trisaïeule : par Stoker, P. S. A.

Le Pin : 1894-1904. — Réformé le 3 août.

MICHIGAN. — H. N.

B. 1890. — Orne.

Par *Edimbourg*, 1/2 s. N., et *Camélia*, par Beaugé, 1/2 s. N.

Sa grand'mère : Sibylle, par Quiclet, 1/2 s. N.
Sa bisaïeule : par Gall, 1/2 s. N.
Sa trisaïeule : par Inkermann, 1/2 s. N.
Sa quadrisaïeule : par Tamberlick, P. S. A.

Le Pin : depuis 1894.

MIGNON. — H. N.

Al. 1890. — Orne.

Par *Fuschia*, 1/2 s. N., et *Hortensia*, par Un, 1/2 s. N.

Sa grand'mère : par Oriental, 1/2 s. N.

Le Pin : depuis 1894.

MIGNON (approuvé). — M. Renault-Manuel (Manche).

Al. 1890. — Orne.

Par *Phaëton*, 1/2 s. N., et *Formose*, par Ulrich II, 1/2 s. N.

Sa grand'mère : Brigitte, par Agenda, 1/2 s. N.
Sa bisaïeule : par Lionceau, 1/2 s. N. (approuvé).
Sa trisaïeule : par Sauvage, 1/2 s. N. (approuvé).
Sa quadrisaïeule : par Martagon, 1/2 s. N.

Saint-Lô : 1894-1904. — Mort.

MIGNON (accepté). — M. Dubost (A.) (Manche).

Bb. 1898. — Manche.

Par *Ney*, 1/2 s. N.

Saint-Lô : 1902-1904. — Réformé.

MIKADO. — H. N.

B. 1890. — Manche.

Par *Esbly*, 1/2 s. N., et *Lisa*, par Sénéchal, 1/2 s. N.

Sa grand'mère : Sophie, par Mirliton, 1/2 s. N.
Sa bisaïeule : Mignonne, par Bravo, P. S. A.
Sa trisaïeule : Mourette, par Camisard, 1/2 s. N.
Sa quadrisaïeule : par Hippocrate, 1/2 s. N.

Saint-Lô : depuis 1894.

MIRABEAU (approuvé). — M. Pierre, 1894 ; M. Auger, 1901
(Calvados) ; M. Richard, 1905 (Manche).
Bb. 1890. — Manche.
Par *Alsacien*, 1/2 s. N., et *Castille*, par Attrayant, 1/2 s. N.
Sa grand'mère : Bijou, par Nagel, 1/2 s. N.
Saint-Lô : depuis 1894.

MIRACLE. — H. N.
B. 1890. — Orne.
Par *Edimbourg*, 1/2 s. N., et *Pâquerette*,
par Quiclet, 1/2 s. N.
Sa grand'mère : Fidélité, par Noteur, 1/2 s. N.
Sa bisaïeule : N., par Courtisan, 1/2 s. N.
Sa trisaïeule : N., par Merlerault, P. S. A.
Sa quadrisaïeule : N., par Eylau, P. S. A.-Ar.
Saint-Lô : depuis 1894.

MONTBARREY (accepté). — M. Hairon-Letaillis, 1894 ;
M. Duhamel (Eugène), 1899 ;
M. Samson, 1901 ; M. Thiébot, 1904 (Manche).
B. 1890. — Manche.
Par *Montbarcy*, P. S. A., et *Castille*, par Harmonieux, 1/2 s. N.
Saint-Lô : depuis 1894.

MOONLIGHTER (approuvé). — Cte de Piolenc.
Loué à M. Pion (Calvados).
Al. 1890. — Normandie.
Par *Fuschia*, 1/2 s. N., et *Niniche*, P. S. A., par Pompier.
Le Pin : 1895-1905.
Passé dans la circonscription de Compiègne en janvier 1906.

MOUTON (approuvé). — M. Etienvre (Manche).
Ro. 1884. — Manche.
Par *Jackson*, 1/2 s. A., et *Mienne*, par Vernix, 1/2 s. N.
Sa grand'mère : Henriette, 1/2 s. N.
Saint-Lô : depuis 1888.

MOUTON-DUVERNET. — H. N.
Al. 1890. — Manche.
Par *Héron* 1/2 s. N. (approuvé), et *Bijou*, par Orphée, 1/2 s. N.
Sa grand'mère : par Sinope, 1/2 s. N.
Saint-Lô : depuis 1894.

MYOSOTIS (approuvé). — M. Lechaptois (Manche).
B. 1890. — Manche.
Par *Saint-Rigomer*, 1/2 s. N., et une fille de *Centaure*, 1/2 s. N.
Saint-Lô : 1896-1901. — Réformé après la monte.

NABOPOLASSO, ex-**NABOPOLASSAR**. — H. N.
Al. 1891. — Manche.
Par *Etendard*, 1/2 s. N., et *Jeanne-de-Nivelle*,
par Baptiste-le-More, 1/2 s. N.
Sa grand'mère : N., par Liberator, 1/2 s. A.
(Voir *Jeanne-de-Nivelle*, T. II.)
Saint-Lô : depuis 1895.

NABUCHO. — H. N.
B. 1888. — Orne.
Par *Cherbourg*, 1/2 s. N., et *Gambade*, par Phaëton, 1/2 s. N.
Sa grand'mère : Tulipe, par Eclipse, 1/2 s. N.
Sa bisaïeule : Brunette, par The Norfolk-Phœnomenon, 1/2 s. A.
Sa trisaïeule : Tamisienne, par Performer, 1/2 s. A.
Sa quadrisaïeule : Zaïre, par Napoléon, P. S. A.
Le Pin : 1893-1903. — Réformé le 10 août.

NAMUR. — H. N.
Bb. 1891. — Calvados.
Par *Stade*, 1/2 s. N., et *Aspasie*, par Union-Jack, 1/2 s. N.
Sa grand'mère : Sophie, par Bisson, 1/2 s. N.
Sa bisaïeule : N., par Lahore, 1/2 s. N. (approuvé).
Saint-Lô : depuis 1895.

NANAN. — H. N.
B. 1891. — Calvados.
Par *Valentino*, 1/2 s. N., et *Rapide*, par Buridan
1/2 s. N. (approuvé).
Sa grand'mère : par Unau, 1/2 s. N.
Sa bisaïeule : par Carnassier, 1/2 s. N.
Saint Lô : depuis 1896.

NANA-SAÏD. — H. N.
B. 1891. — Manche.
Par *Esbly*, 1/2 s. N., et *Cocotte*, par Bosphore, 1/2 s. N.
Sa grand'mère : par Sénéchal, 1/2 s. N.
Sa bisaïeule : par Nagel, 1/2 s. N.
Saint-Lô : depuis 1895.

NANDY. — H. N.
B. 1891. — Manche.
Par *Gibraltar*, 1/2 s. N., et *Bijou*, par Séduisant, 1/2 s. N.
Sa grand'mère : par Beaumanoir, 1/2 s. N.
Saint-Lô : depuis 1895.

NANKIN (approuvé). — M. de Panthou, 1895 (Calvados) ;
M. Lepilleur, 1905 (Manche).
B. 1891. — Calvados.
Par *Galant Ier* ou *Denain*, 1/2 s. N., et *Sornete*,
par Union-Jack, 1/2 s. N.
Sa grand'mère : Bichette, par Bisson, 1/2 s. N.
Saint-Lô : depuis 1905.

NARCISSE. — H. N.
N. 1891. — Orne.
Par *Phaëton*, 1/2 s. N., et *Bécassine*, par Niger, 1/2 s. N.
Sa grand'mère : Belle-de-Jour, par Centaure, 1/2 s. N.
Sa bisaïeule : par Pledge, 1/2 s. N.
Sa trisaïeule : par Wanderer, 1/2 s. A.
Sa quadrisaïeule : par Brocardo, P. S. A.
5e degré : par Voltaire, 1/2 s. N.
6e degré : par Glocester, 1/2 s. A.
7e degré : par Jaggar, 1/2 s. A.
Le Pin : depuis 1896.

NARQUOIS. — H. N.
Bb. 1891. — Calvados.
Par *Fuschia*, 1/2 s. N., et *Hébé III*, par Niger, 1/2 s. N.
Sa grand'mère : par Normand, 1/2 s. N.
Sa bisaïeule : Débutante, P. S. A., par Pretty-Boy.
Saint-Lô : depuis 1896.

NARSÉ. — H. N.
Bb. 1891. — Manche.
Par *Platon*, 1/2 s. N., et *Sophie*, par Usuel, 1/2 s. N.
Sa grand'mère : Lisa, par Harmonieux, 1/2 s. N.
Saint-Lô : depuis 1895.

NASI. — H. N.
N. 1891. — Calvados.
Par *Phare*, 1/2 s. N., et *Bijou*, par Brindisi, P. S. A.
Sa grand'mère : Mouton, par Navigateur, 1/2 s. N.
Saint-Lô 1895-1903. — Réformé le 10 août.

NAUTILUS. — H. N.
Al. 1891. — Calvados.
Par *Grand'Maître*, 1/2 s. N., et *Frivole*, par Caprara, 1/2 s. N.
Sa grand'mère : N., par Léotard, 1/2 s. N.
Saint-Lô : depuis 1895

NECTAR. — H. N.
B. 1891. — Manche.
Par *Fontenay*, 1/2 s. N., et *Mademoiselle-d'Angoville*, par Lavater,
1/2 s. N.
Sa grand-mère : par Conquérant, 1/2 s. N.
Saint-Lô : depuis 1896.

NECTAR. — H. N.
N. 1891. — Orne.
Par *Cherbourg*, 1/2 s. N., et *Ida*, par Niger, 1/2 s. N.
Sa grand'mère : Esméralda, par Elu, 1/2 s. N.
Sa bisaïeule : Alpherie, par Fitz-Pantaloon, P. S. A.
Sa trisaïeule : Ida II, par William, P. S. A.
Sa quadrisaïeule : Ida, par Basly, 1/2 s. N.
5e degré : par Impérieux, 1/2 s. N.
Le Pin : 1895-1905. — Reformé le 1er août.

NÉLUSKO. — H. N.
B. 1891. — Calvados.
Par *Homard*, 1/2 s. N., et *Fleur-de-Mai*, par Mazeppa, 1/2 s. N.
Sa grand'mère : par Umber, 1/2 s. N.
Saint-Lô : 1895-1905. — Réformé le 1er août.

NEMOURS. — H. N.
Bb. 1891. — Calvados.
Par *Fumet*, 1/2 s. N., et *Frine*, par Frein, 1/2 s. N.
Sa grand'mère : par Kaolin, P. S. A.
Saint-Lô : depuis 1895.

NEMROD. — H. N.
B. 1891. — Sarthe.
Par *Iambe*, 1/2 s. N., et *Bon-Espoir*, par Serpolet-Bai, 1/2 s. N.
Sa grand'mère : Prétencieuse, par Abrantès, 1/2 s. N.
Sa bisaïeule : N., par Séducteur, 1/2 s. N.
Sa trisaïeule : N., par Thésée, 1/2 s. N.
Sa quadrisaïeule : N., par Tipple-Cidder, P. S. A.
Saint-Lô : depuis 1895.

NEMROD (approuvé). — M. Hardy, 1895 ; M. Dufour,
1903 (Manche).
B. 1891. — Manche.
Par *Shamrock*, 1/2 s. A., et *Ugoline*, par Orphée, 1/2 s. N.
Sa grand'mère : par Quid-Juris, P. S. A.
Sa bisaïeule : par Navigateur, 1/2 s. N.
Saint-Lô : depuis 1895.

NENNI. — H. N.
Bb. 1891. — Calvados.
Par *Hercule-Normand*, 1/2 s. N., et *Bonne-Aventure*, par Soldat,
1/2 s. N.
Sa grand'mère : par Vladimir, 1/2 s. N.
Le Pin : 1895-1904. — Réformé le 3 août.

NEPTUNE. — H. N.
B. 1891. — Orne.
Par *Edimbourg*, 1/2 s. N., et *Favorite*, par Elu, 1/2 s. N.
Sa grand'mère : Miss-Carlotta, par Séducteur, 1/2 s. N.
(Voir *Favorite*, T. II.)
Saint-Lô : 1895-1904. — Réformé le 5 août.

NERF. — H. N.
Bb. 1891. — Manche.
Par *Farnèse*, 1/2 s. N., et *Mouvette*, par Ulloa, 1/2 s. N.
Saint-Lô : depuis 1895.

NÉRIS, ex-**NIVELEUR**. — H. N.
B. 1891. — Calvados.
Par *Etendard*, 1/2 s. N., et *Dynamite*, par Montfort, P. S. A.
Sa grand'mère : par Interprète, 1/2 s. N.
Sa bisaïeule : par Français, 1/2 s. N.
Sa trisaïeule : par Lucain, 1/2 s. N.
Saint-Lô : depuis 1895.

NERVEUX. — H. N.
B. 1891. — Manche.
Par *Fontenay*, 1/2 s. N., et *Mosquée*, par Lavater, 1/2 s. N.
Sa grand'mère : par Orphée, 1/2 s. N.
Sa bisaïeule : Lady-Quid-Juris, par Quid-Juris, P. S. A.
Sa trisaïeule : par Lionceau, 1/2 s. N.
Sa quadrisaïeule : par Marengo, P. S. A.-Ar.
5e degré : par Diomède 1/2 s. N.
Saint-Lô : depuis 1895.

NESSI. — H. N.
B. 1891. — Orne.
Par *Cherbourg*, 1/2 s. N., et *Normande*, par Jactator, 1/2 s. N.
Sa grand'mère : Constantine, par Buci, 1/2 s. N.
Sa bisaïeule : Fleurie, par Vicomte, 1/2 s. N.
Sa trisaïeule : Blonde, par Képi, 1/2 s. N.
Le Pin : depuis 1895.

NESTORIUS (approuvé). — M. Trochon (Manche).
B. 1891. — Calvados.
Par *Saint-Rigomer*, 1/2 s. N., et *Espérance*, par Centaure,
1/2 s. N.
Saint Lô : depuis 1895.

NEUILLY. — H. N.
Al. 1891. — Sarthe.
Par *Fuschia*, 1/2 s. N., et *Yanthine*, par Beaugé, 1/2 s. N.
Sa grand'mère : Espérance, par Abrantès, 1/2 s. N.
Sa bisaïeule : Brillante, par Destin, 1/2 s. N.
Sa trisaïeule : fille de Tipple-Cider, P. S. A.
Saint-Lô : depuis 1895.

NEVERS. — H. N.
B. 1891. — Manche.
Par *Valencourt*, 1/2 s. N., et *Feuille-de-Lierre*, par Reynolds.
1/2 s. N.
Sa grand'mère : Modestie, par The Heir-of-Linne, P. S. A.
(Voir *Feuille-de-Lierre*, T. II.)
Saint-Lô : depuis 1895.

NEW-MARQUET. — H. N.
B. 1891. — Manche.
Par *Colporteur*, 1/2 s. N., et *Fragola*, par Lavater, 1/2 s. N.
Sa grand'mère : Orientale, par The Heir-of-Linne, P. S. A.
Sa bisaïeule : Jeune-Elisa, par Étendard, 1/2 s. N.
Sa trisaïeule : Près-de-Terre, par Sir-Henry-Dimsdale, 1/2 s. A.
Saint-Lô : depuis 1895.

NEY, ex-**NOGARET**. — H. N.
B. 1891. — Manche.
Par *Espoir*, 1/2 s. N., et *Balsamine*, P. S. A., par Colbert.
Saint-Lô : 1895-1903. — Réformé le 10 août.

NEY (approuvé). — M. Lechaptois, 1895 ; M. Renault,
1900 (Manche).

Bb. 1891. — Manche.

Par *Ministère*, P. S. A., et *Lisa*, par Agnadel, 1/2 s. N.

Sa grand'mère : Normandie, par Quality, 1/2 s. N.
Sa bisaïeule : Rachel, par Dimanche, 1/2 s. N.

Saint-Lô : depuis 1895.

NEZ. — H. N.

B. 1891. — Orne.

Par *Fuschia*, 1/2 s. N., et *Soubrette*, par Vichnou, P. S. A.

Sa grand'mère : Miss-Carlotta, par Séducteur, 1/2 s. N.
Sa bisaïeule : par Kœnigsberg, 1/2 s. N.
Sa trisaïeule : par Glocester, 1/2 s. A.
Sa quadrisaïeule : par Sylvio, P. S. A.

Le Pin : 1895-1899. — N'a pas fait la monte en 1900.
Réintégré depuis 1901.

NISKO. — H. N.

B. 1891. — Manche.

Par *Tempête*, 1/2 s. N., et *Voleuse*, par Voleur, 1/2 s. N.

Sa grand'mère : Lisette, par Thorigny, 1/2 s. N. (approuvé).
Sa bisaïeule : N., par Paladin, P. S. A. (approuvé).

Saint-Lô : depuis 1895.

NIZAM. — H. N.

B. 1891. — Manche.

Par *Fontenay*, 1/2 s. N., et *Allumette*, par The Heir-of-Linne, P S A.

Sa grand'mère : Kindler, par Eylau, P. S. A.-Ar.
Sa bisaïeule, par Kindler, 1/2 s. N.
Sa trisaïeule : jument d'allure.

Le Pin : 1895-1905. — Mort le 5 juin.

NORMAND (approuvé). — M. Richard (P.), 1891 ;
M. Richard (F.), 1900 (Manche).

Al. 1886. — Manche.

Par *Vireillot*, 1/2 s. N., et *Fleur-de-Mai*, par Shamrock, 1/2 s. A.

Sa grand'mère : Bijou, par Hippocrate, 1/2 s. N.

Saint-Lô : 1891-1905. — Non représenté.

NORODUM. — H. N.
B. 1891. — Sarthe.
Par *Iambe*, 1/2 s. N., et *Miss-Sloss*, par Elu, 1/2 s. N.
Sa grand'mère : Victoria, par Séducteur, 1/2 s. N.
(Voir *Miss-Sloss*, T. II.)
Saint-Lô : depuis 1895.

NOSSI-BÉ. — H. N.
N. 1891. — Calvados.
Par *Cherbourg*, 1/2 s. N., et *Mouvette*, par Tigris, 1/2 s. N.
Sa grand'mère : N., par Gontran, P. S. A.
Sa bisaïeule : Jument arabe.
Saint-Lô : 1895-1904. — Réformé le 5 août.

NOSTRADAMUS. — H. N.
B. 1891. — Orne.
Par *Cherbourg*, 1/2 s. N., et *Finance*, par Niger, 1/2 s. N.
Sa grand'mère : Miss-Pierce (mère de Reynolds), par Succès, 1/2 s. N.
Sa bisaïeule : Lady-Pierce, jument américaine.
Saint-Lô : depuis 1895.

NOTABLE. — H. N.
B. 1891. — Orne.
Par *Edimbourg*, 1/2 s. N., et *Pégriote*, par Elu, 1/2 s. N.
Sa grand'mère : Frétillon, par Solide, 1/2 s. N.
Sa bisaïeule : Pégriote, par Eylau, P. S. A.-Ar.
Sa trisaïeule : Jument arabe, mère de Buci et de Jactator.
Saint-Lô : depuis 1895.

NOTEUR (approuvé). — M. Durand, 1895 (Calvados).
M. Vaudry (Émile), 1900.
B. 1891. — Normandie.
Par *Incognito*, 1/2 s. N., et *N.*, par Acrobate, 1/2 s. N.
Saint-Lô : 1895-1902. — Réformé.

NOVATEUR (approuvé). — M. Perdriel (Calvados).
B. 1891. — Normandie.
Par *Canut*, 1/2 s N., et *N.*, par Espadem, 1/2 s. N.
Sa grand'mère : par Ivanoff, P. S. A.
Saint-Lô : 1895-1900.

NOVGOROD. — H. N.

B. 1891. — Manche.

Par *Fontenay*, 1/2 s. N., et *Rosette II*, par Pretty-Boy
ou Gabier, P. S. A.

Sa grand'mère : Rosette, par Victorieux, 1/2 s. N.
Sa bisaïeule : N., par Paternel, 1/2 s. N.

Saint-Lô : 1895-1904. — Réformé le 5 août.

NOVICE. — H. N.

Al. 1891. — Orne.

Par *Fuschia*, 1/2 s. N., et *Nigérine*, par Niger, 1/2 s. N.

Sa grand'mère : Laure, par Élu, 1/2 s. N.
Sa bisaïeule : N., par Vladimir, 1/2 s. N.

Le Pin : depuis 1896.

NUAGE, ex-NIAGARA. — H. N.

B. 1891. — Calvados.

Par *Eclaireur*, 1/2 s. N., et *La Montaigne*, par Interprète, 1/2 s. N.

Sa grand'mère : Léa, par Montaigne, 1/2 s. N.

Saint-Lô : depuis 1895.

NYABEL. — H. N.

Al. 1891. — Eure.

Par *Barrabas*, 1/2 s. N., et *Pacolette*, par Oronte, 1/2 s. N.

Sa grand'mère : Par Bleinhem, P. S. A.

Saint-Lô : depuis 1895.

OBERHAMBOURG. — H. N.

B. 1892. — Manche.

Par *Frondeur*, 1/2 s. N., et *Etoile*, par Regnard, 1/2 s. N.

Sa grand'mère : par Gouverneur 1/2 s. N.

Le Pin : depuis 1896.

OBERHAUSEN. — H. N.

B. 1892. — Manche.

Par *Fontenay*, 1/2 s. N., et *Surprise*, par Kapirat, 1/2 s. N.

Sa grand'mère : Minette, par Ugolin, 1/2 s. N.
Sa bisaïeule : N., par Ballinkeele, P. S. A.

Saint-Lô : depuis 1896.

OBERNAI. — H. N.

B. 1892. — Manche.
Par *Frondeur*, 1/2 s. N., *Castille*, par Ministère, P. S. A.
Sa grand'mère : Parfaite, par Bandit, 1/2 s. N.
Saint-Lô : depuis 1896.

OBSCUR, ex-OLDEMBOURG, ex-ORPHÉE. — H. N.

B. 1892. — Calvados.
Par *Fataliste*, P. S. A., et *Fleur-d'Épine*, par Acquila, 1/2 s. N.
Sa grand'mère : Fleur-de-Mai, par Stade, 1/2 s. N.
Saint-Lô : depuis 1896.

OBSTACLE (approuvé). — M. Lemonnier (Calvados).

Al. 1898. — Normandie.
Par *Fuschia*, 1/2 s. N., et *Nacelle*, par Phaëton, 1/2 s. N.
Sa grand'mère : Lisbeth, P. S. A., par Trocadéro.
Le Pin : depuis 1904.

OCCATOR. — H. N.

Bb. 1892. — Manche.
Par *Javelot*, 1/2 s. N., et *Fleur*, par Espadem, 1/2 s. N.
Sa grand'mère : La Brune, par Kabin, 1/2 s. N.
Sa bisaïeule : Fleur, par Victorieux, 1/2 s. N.
Sa trisaïeule : La Brune, par Robinson, P. S. A.
Sa quadrisaïeule : Blancpied, par Jay, 1/2 s. N.
5e degré : N., par Pégase, 1/2 s. N.
Saint-Lô : depuis 1896.

OCTAVAN (approuvé). — M. Le Marchand (Manche).

N. 1892. — Manche.
Par *Coq-à-l'Ane*, 1/2 s. N., et une fille de Laboureur, 1/2 s. N.
Saint-Lô : 1896-1901. — Réformé après la monte.

OCTAVO (approuvé). — M. Dugney-Cher, 1896 ; M. Lapic, 1903 (Manche).

Bb. 1892. — Manche.
Par *Jarnac*, 1/2 s. N., et *Pomponette*, par Vite, 1/2 s. N.
Sa grand'mère : par Bon-Espoir, 1/2 s. N.
Saint-Lô : 1896-1903. — Non représenté.

ŒSOPE (approuvé). — M. Hardy, 1886 ; M. Couetil,
1903 (Manche).
Al. 1882. — Manche.
Par *Silhouette*, 1/2 s. N., et *Venante*, par Quasi, 1/2 s. N.
Sa grand'mère : par Eminent, 1/2 s. N.
Sa bisaïeule : par Urus 1/2 s. N.
Sa trisaïeule : par Marengo, P. S. A.-Ar.
Sa quadrisaïeule : par Locomotif, 1/2 s. N.

Saint-Lô : 1886-1903. — Réformé.

OH ! ex-OSBORNE. — H. N.
B. 1892. — Manche.
Par *Domino-Noir* ou *Fred-Archer*, 1/2 s. N., et *Rosette*,
par Télémaque, 1/2 s. N.
Sa grand'mère : par Auguste, P. S. A.
Sa bisaïeule : par Douglas, 1/2 s. N.
Le Pin : depuis 1896.

OIGNON. — H. N.
N. 1892. — Manche.
Par *Colporteur*, 1/2 s. N., et *Mentor*, par Télémaque, 1/2 s. N.
Sa grand'mère : Baladine, par Idoménée, 1/2 s. N.
Sa bisaïeule : Lisette, par Garibaldi, 1/2 s. N.
Saint-Lô : depuis 1896.

OISEAU-MOUCHE, ex-OUI-DA. — H. N.
Bb. 1892. — Orne.
Par *Cherbourg*, 1/2 s. N., et *Ida*, par Niger, 1/2 s. N.
Sa grand'mère : Esmeralda, par Elu, 1/2 s. N.
Sa bisaïeule : Alphérie, par Fitz-Pantaloon, P. S. A.
Sa trisaïeule : Ida II, par William, P. S. A.
Sa quadrsaïeule : Ida, par Basly, 1/2 s. N.
5e degré : par Impérieuse, 1/2 s. N.
Le Pin : depuis 1896.

OISON, ex-OURAGAN. — H. N.
B. 1892. — Eure.
Par *Juvigny*, 1/2 s. N., et *Fatinitza*, par Rivoli, 1/2 s. N.
(approuvé).
Sa grand'mère : Jarnicoton, par The Norfolk-Phœnomenon, 1/2 s. N.
Saint-Lô : depuis 1896.

OLÉRON, ex-**OPULENT**. — H. N.
Bb. 1892. — Orne.
Par *Krakatoa*, P. S. A., et *Béatrix*, par Niger, 1/2 s. N.
Sa grand'mère : Drôlesse, par Pledge, 1/2 s. N.
Sa bisaïeule : par Dupleix, 1/2 s. N.
Sa trisaïeule : par Pilote, 1/2 s. N.
Sa quadrisaïeule : par Bacha, P. S. Ar.
5ᵉ degré : par Glorieux, 1/2 s. N.
6ᵉ degré : par King-Pépin, P. S. A.
Le Pin : depuis 1896.

OLIBRIUS. — H. N.
B. 1892. — Manche.
Par *Farnèse*, 1/2 s. N., et *Rosette*, par Intact, 1/2 s. N.
Sa grand'mère : Bijou, par Tamerlan, 1/2 s. N.
Saint-Lô : 1896-1903. — Réformé le 10 août.

OMNIBUS, ex-**ORIENT**. — H. N.
Bb. 1892. — Orne.
Par *Havas*, 1/2 s. N., et *Prudente*, par Carnaval, 1/2 s. N.
Sa grand'mère : par Tourville, P. S. A.
Saint-Lô : depuis 1896.

OMNIPOTENT, ex-**ORNE**. — H. N.
B. 1892. — Orne.
Par *Jouffroy*, 1/2 s. N., et *Myrto*, par Uriel, 1/2 s. N.
Sa grand'mère : Hirondelle, par Elu, 1/2 s. N.
Sa bisaïeule : Valentine, par Flying-Dutchman, P. S. A.
Sa trisaïeule : Noisette, par Noteur, 1/2 s. N.
Sa quadrisaïeule : Danaïde, par Brocardo, P. S. A.
Saint-Lô : 1896-1903. — Réformé le 10 août.

ONQUES-MIEUX (approuvé). — M. Tocque, 1898 (Eure) ;
M. Lechaptois père, 1903 (Manche).
Bb. 1892. — Seine-Inférieure.
Par *Qui-Vive*, 1/2 s. N., et *Jenny-Lind*, par Phaëton, 1/2 s. N.
Sa grand'mère : La Clarence, P. S. A.
Le Pin : 1898-1901. — Saint-Lô : depuis 1903.

ONTARIO (approuvé). — M. Le Marchand (Manche).
B 1892. — Normandie.
Par *Fuschia*, 1/2 s. N., et une fille de Cherbourg, 1/2 s. N.
Sa grand'mère : par Élu, 1/2 s. N.
Saint-Lô : 1896-1901. — Réformé.

ONYX (approuvé). — M. Perdriel, 1899 (Calvados) ;
M. Lepileur, 1905 (Manche).
Bb. 1892. — Calvados.
Par *Tigris*, 1/2 s. N., et *Suzon*. P. S. A.
Saint-Lô : depuis 1899.

ONZE. — H. N.
Bb. 1892. — Calvados.
Par *Tigris*, 1/2 s. N., et *Rachel*, par Irlandais, 1/2 s. N.
Sa grand'mère : L'Etoile, par Esculape, 1/2 s. N.
Sa bisaïeule : par Galba, 1/2 s. N.
Saint-Lô : 1897-1904 — Réformé le 5 août.

ONZE II, ex-**ORPHÉE**. — H. N.
N. 1892. — Manche.
Par *Illustre*, 1/2 s. N., et *Voyageuse*, par Anacharsis,
P. S. A.
Sa grand'mère : Nigrette, par Phare. 1/2 s. N.
Sa bisaïeule : Lisette, par Ribaud, 1/2 s. N.
Sa trisaïeule : Bijou, par Jaïr, 1/2 s. N.
Sa quadrisaïeule : Rozette, par Félibien, 1/2 s. N.
Saint-Lô : depuis 1896.

OPINANT, ex-**ORAGEUX**. — H. N.
B 1892. — Manche.
Par *Dacapo*, 1/2 s. N., et *Lisette*, par Shamrock, 1/2 s. A.
Sa grand'mère : par Vernix, 1/2 s. N. (approuvé).
Le Pin : depuis 1896.

OPULENT. — H. N.
B. 1892. — Orne.
Par *James-Watt*, 1/2 s. N., et *Kaoline*, par Cherbourg, 1/2 s. N.
Sa grand'mère : par Ugolin, 1/2 s. N.
Le Pin : depuis 1896.

ORAGE — H. N.
Al. 1892. — Sarthe.
Par *Fuschia*, 1/2 s. N., et *Clémentine*, par Phaéton, 1/2 s. N.
Sa grand'mère : Centaurine, par Elu, 1/2 s. N.
Sa bisaïeule : par Centaure, 1/2 s N.
Saint-Lô : 1896-1903. — Réformé le 10 août.

ORAN. — H. N.

Al. 1892. — Sarthe.

Par *Fuschia*, 1/2 s. N., et *Fatma*, par Serpolet-Bai, 1/2 s. N.
Sa grand'mère : Camélia, par Elu, 1/2 s. N.
Sa bisaïeule : Crinoline, par Séducteur, 1/2 s. N.
Sa trisaïeule : Orpheline, P. S. A., par Fitz-Gladiator.

Le Pin : depuis 1896.

ORGEAT, ex-ORLÉANS. — H. N.

B. 1891. — Orne.

Par *Iambe*, 1/2 s. N., et *Belle-de-Jour*, par Edimbourg, 1/2 s. N.
Sa grand'mère : Corentine, par Quiclet, 1/2 s. N.
Sa bisaïeule : Cora, par Inkermann, 1/2 s. N.
Sa trisaïeule : par Montaigne, 1/2 s. N.
Sa quadrisaïeule : par Merlerault, P. S. A.
5e degré : par Courtisan, 1/2 s. N.

Le Pin : depuis 1896.

ORANGER. — H. N.

Al. 1898. — Calvados.

Par *Aramis*, 1/2 s. N. (app.), et *Nadèje*, par Phaëton, 1/2 s. N.
Sa grand'mère : Amourette, P. S. A.

Saint-Lô : depuis 1902.

ORGLANDES. — H. N.

B. 1892. — Manche.

Par *Dacapo*, 1/2 s. N., et *Lisette*, par Santerre, 1/2 s. N.
Sa grand'mère : Lisette, par Urus, 1/2 s. N.

Saint-Lô : depuis 1896.

ORGUE, ex-OCÉAN. — H. N.

Ro. 1892. — Manche.

Par *Fontenay*, 1/2 s. N., et *Marquise*, par Saint-Cloud, 1/2 s. N.
Sa grand'mère : Marinette, par Quasi, 1/2 s. N.
Sa bisaïeule : par Elu, 1/2 s. N.

Saint-Lô : depuis 1896.

ORIENT. — H. N

Al. 1892. — Orne.

Par *Fuschia*, 1/2 s. N., et *Galka*, par Phaëton, 1/2 s. N.
Sa grand'mère : Isabelle, par Niger, 1/2 s. N.
Sa bisaïeule : par Elu, 1/2 s. N.

Saint-Lô : depuis 1896.

ORMEAU. — H. N.

B. 1892. — Manche.

Par *Dacapo*, 1/2 s. N., et *Vigilante*, par Shamrock, 1/2 s. A.

Sa grand'mère : Fidèle, par Santerre, 1/2 s. N.
Sa bisaïeule : Finette, par Géant-des-Batailles, P. S. A.
Sa trisaïeule : N., par Faucon, 1/2 s. N.

Saint-Lô : depuis 1896.

ORNANO. — H. N.

Bb. 1892. — Manche.

Par *Habéo*, 1/2 s. N., et *Rosette*, par Newton, 1/2 s. N.

Sa grand'mère : Goëlette, par Kent, 1/2 s. N.
Sa bisaïeule : Urseline, par Ursin, 1 2 s. N.
Sa trisaïeule : N., par Don-Quichotte, 1/2 s. N.

Saint-Lô : depuis 1896.

ORSILOQUE. — H. N.

B. 1892. — Orne.

Par *Krakatoa*, P. S. A., et *Mademoiselle-de-Talonnay*,
par Valdempierre, 1/2 s. N.

Sa grand'mère : Centaurée, par Centaure, 1/2 s. N.
Sa bisaïeule : Brocardine, par Brocardo, P. S. A.

Saint-Lô : 1896-1902. — Réformé le 11 août.

OSBORNE. — H. N.

B. 1892. — Orne.

Par *Cherbourg*, 1/2 s. N., et *Jonquille*, par Dictateur 1/2 s. N.
(approuvé).

Sa grand'mère : Tontine, par Éclipse, 1/2 s. N. (approuvé).
Sa bisaïeule : Marionette, par Noteur, 1/2 s. N.
Sa trisaïeule : Princesse, par Prince-Karadoc, P. S. A.
Sa quadrisaïeule : Fragile, par Y.-Topper, 1/2 s. A.

Saint-Lô : 1896-1905. — Réformé le 1er août.

OSIRIS, ex-OMBRAGEUX. — H. N.

Al. 1892. — Manche.

Par *Jolibois*, 1/2 s. N., et *Belle-Idée*, par Ignoré, 1/2 s. N.

Sa grand'mère : Sophie, par Fire-Away, 1/2 s. A.

Saint-Lô : depuis 1896.

OSMONT. — H. N.
B. 1892. — Manche.
Par *Jarnac*, 1/2 s. N., et *Pierrette*, par Patrice, 1/2 s. N.
Sa grand'mère : Nubienne, par Wild-Bird, P. S. A.
Sa bisaïeule : Poulette, par Nonus, 1/2 s. N.
Saint-Lô : depuis 1896.

OSTROWSKI (approuvé). — M. R. d'Abzac (Seine-et-Oise).
B. 1892. — France.
Par *Calambac*, 1/2 s. N., et *Polka*, par Beaumanoir, 1/2 s. N.
Le Pin : depuis 1896.

OTHON. — H. N.
B. 1892. — Orne.
Par *Fuschia*, 1/2 s. N., et *Iris*, par Héliotrope, 1/2 s. N.
Sa grand'mère : *Orange*, par Elu 1/2 s. N.
Sa bisaïeule : par Séducteur, 1/2 s. N.
Sa trisaïeule : par Prince 1/2 s. N.
Sa quadrisaïeule : par Mastrillo, P. S. A.
Saint-Lô : 1896-1905. — Réformé le 11 août.

OUDINOT. — H. N.
Al. 1892. — Manche.
Par *Harley*, 1/2 s. N., et *Cupidonne*, par L'Incroyable, P. S. A.
Sa grand'mère : Charmante, par The Heir-of-Linne, P. S. A.
Sa bisaïeule : Corvette, par Lothaire, 1/2 s. N.
Sa trisaïeule : Carolda, par Perfection, 1/2 s. N.
Sa quadrisaïeule : par Sir-Henry-Dimsdale, 1/2 s. A.
5º degré : fille de Jay, 1/2 s. N.
Saint-Lô : depuis 1896.

OUI-DA. — H. N.
B. 1892. — Manche.
Par *Harley*, 1/2 s. N., et *Farceuse*, par Lavater, 1/2 s. N.
Sa grand'mère : Augustine, P. S. A., par Auguste.
Saint-Lô : depuis 1896.

OURAGAN (approuvé). — M. Viel (Albert) (Calvados).
N. 1892. — Normandie.
Par *Homard*, 1/2 s. N., et *Karthoum*, par Dictateur, 1/2 s. N. (378).
Sa grand'mère : Graziella, par Apis, 1/2 s. N.
Sa bisaïeule : Nisida, P. S. A., par Cagliostro.
Le Pin : depuis 1898.

OUTREMER, ex-ODÉON. — H. N.

B. 1892. — Orne.
Par *Cherbourg*, 1/2 s. N., et *Rosamonde*, par Quiclet, 1/2 s. N.
Sa grand'mère : Alphérie, par Fitz-Pantaloon, P. S. A.
Sa bisaïeule : Ida II, par William, P. S. A.
(Voir *Rosamonde*, S. B. N., t. II, et aussi *Hallencourt*, t. I.)
Saint-Lô : depuis 1896.

PAIMPOL, ex-PALLAS, — H. N.

B. 1893. — Calvados.
Par *Jouffroy*, 1/2 s. N., et *Joyeuse*, par Réussi, P.S.A.
Sa grand'mère : par Noville, 1/2 s. N.
Saint-Lô : 1897-1903. — Réformé le 10 août.

PALANQUIN. — H. N.

Bb. 1893. — Manche.
Par *Jubé*, 1/2 s. N., *Martaine*, et par Sorcier, 1/2 s. N.
Saint-Lô : depuis 1897.

PALAPRAT. — H. N.

Bb. 1893. — Calvados.
Par *Jamais*, 1/2 s. N., et *Mignonne*, par Raming, 1/2 s. N.
Sa grand'mère : par Sacrobosco, 1/2 s. N.
Saint-Lô : depuis 1897.

PALEFROY. — H. N.

Bb. 1893. — Sarthe.
Par *Iambe*, 1/2 s. N., et *Espérance*, par Gabier,
P. S. A.
Sa grand'mère : par Élu, 1/2 s. N.
Sa bisaïeule : par Séducteur, 1/2 s. N.
Saint-Lô : 1897-1902. — Réformé le 17 décembre.

PALUDIER. — H. N.

Ro. 1893. — Orne.
Par *Kriss*, 1/2 s. N., et *Kermès*, par Coq-du-Village, P. S. A.
Sa grand'mère : Cupidonne, par Rutabaga, 1/2 s. N.
Sa bisaïeule : Rigoletti, par Marignan, 1/2 s. N.
Sa trisaïeule : par Kramer, 1/2 s. N.
Le Pin : 1897-1902. — Passé le 22 août au service de l'Ecole.

PALUS (approuvé). — M. E. Vaudry (Calvados).
N. 1893. — Calvados.
Par *Illustre*, 1/2 s. N., et une fille de Tourville, 1/2 s. N.
Sa grand'mère : par Seymour, 1/2 s. N.
Saint-Lô : 1897-1901. — Réformé après la monte.

PANTHÉON. — H. N.
Bb. 1893. — Manche.
Par *Dacapo*, 1/2 s. N., et *Souris*, par Néthou, P. S. A.
Sa grand'mère : par Urus, 1/2 s. N.
Le Pin : 1897-1905. — Réformé le 1er août.

PAPILLON (accepté). — M. Pasquer (Victor) (Manche).
Bb. 1895. — Manche.
Par *Jalap*, 1/2 s. N.
Saint-Lô : 1900-1903. — Non représenté.

PARFAIT. — H. N.
Bb. 1893. — Calvados.
Par *Eclaireur*, 1/2 s. N., et *La Dives*, par Tigris, 1/2 s. N.
Sa grand'mère : par Interprète, 1/2 s. N.
Saint-Lô : 1897-1903. — Réformé le 10 août.

PARIS, ex-**PACTOLE**. — H. N.
B. 1893. — Manche.
Par *Alsacien*, 1/2 s. N., et *Godalba*, par Caprara, 1/2 s. N.
Sa grand'mère : par Romano, 1/2 s. N.
Saint-Lô : depuis 1897.

PARMES. — H. N.
B. 1893. — Calvados.
Par *Juvigny*, 1/2 s. N., et *Sarah*, par Forestier, 1/2 s. N.
Le Pin : 1897-1903. — Réformé le 10 août.

PASSE-PARTOUT, — H. N.
N. 1893. — Seine-Inférieure.
Par *Kiffis*, 1/2 s. N., et *Kara*, par Cherbourg, 1/2 s. N.
Sa grand'mère : par Niger, 1/2 s. N.
Saint-Lô : depuis 1897.

PASSE-PARTOUT (approuvé). — M. Bosquet (Calvados).
B. 1893. — Calvados.
Par *Jolibois*, 1/2 s. N., et *Mignonne*, par Archibald, 1/2 s. N.
Sa grand'mère : par Viril, 1/2 s. N.
Sa bisaïeule : par Volant, 1/2 s. N.
Saint-Lô : 1898-1901. — Mort.

PASSE-PARTOUT (autorisé en 1897, approuvé en 1898).
M. Lebeurier ; M. Crochard, 1900 (Manche) ; M. Bosquet, 1902
(Calvados).
B. 1893. — Manche.
Par *Harfleur*, 1/2 s. N., et une fille de Lodi, 1/2 s. N.
Sa grand'mère : par Peuplier, 1/2 s. N.
Sa bisaïeule : par Faucon, 1/2 s. N.
Saint-Lô : depuis 1897.

PATERNEL II. — H. N.
N. 1893. — Calvados.
Par *Union-Jack*, 1/2 s. N., et *Chérie*, par Archibald, 1/2 s. N.
Le Pin : depuis 1897.

PATRE. — H. N.
Bb. 1893. — Manche.
Par *Jean-de-Nivelle*, 1/2 s. N., et *Vigilante*, par Dacapo, 1/2 s. N.
Sa grand'mère : Coquette, par Ulm, 1/2 s. N.
Sa bisaïeule : N., par Shamrock, 1/2 s. A.
Sa trisaïeule : N., par Géant-des-Batailles, P. S. A.
Saint-Lô : depuis 1897.

PATRICE. — H. N.
Al. 1893. — Manche.
Par *Jouteur*, 1/2 s. N., et *Lisette*, par Mine-d'Or, 1/2 s. N.
Sa grand'mère : par Original, 1/2 s. N.
Sa bisaïeule : par Kapirat, 1/2 s. N.
Saint-Lô : depuis 1897.

PATRICIEN (approuvé). — M. Desmannetaux, 1897 ;
M. Léveillé, 1904 (Manche).
B. 1893. — Manche.
Par *Follet*, 1/2 s. N., et *Sauvage*, ex-*Miss-Pater*, par Pater, 1/2 s. N.
Sa grand'mère : par Egesippe, 1/2 s. N.
Sa bisaïeule : par Sir-Henry-Dimsdale, 1/2 s. A.
Sa trisaïeule : par Pégase, 1/2 s. N.
Sa quadrisaïeule : par Boucanier, 1/2 s. N.
Saint-Lô : depuis 1897.

PATRIOTE. — H. N.

Bb. 1893. — Calvados.

Par *Qui-Vive*, 1/2 s. N. (approuvé), et *Lutèce*, par Aquila, 1/2 s. N.

Sa grand'mère : Camélia, par Normand, 1/2 s. N.
Sa bisaïeule : par Vladimir, 1/2 s. N.

Saint-Lô : depuis 1897.

PATUCHON (approuvé). — M. Lebaudy ; M. L. Vaudry
(Calvados).

Bb. 1893. — Calvados.

Par *J'y-Pensais*, 1/2 s. N., et *Mignonne*, par Réservé, 1/2 s. N.
Saint-Lô : depuis 1897.

PAUILLAC. — H. N.

N. 1893. — Orne.

Par *Kiffis*, 1/2 s. N., et *Colombine*, par Niger, 1/2 s. N.

Sa grand'mère : Rachel, par Taconnet, 1/2 s. N.
Sa bisaïeule : par Esculape, 1/2 s. N.

Saint-Lô : depuis 1897.

PÉGASE. — H. N.

B. 1893. — Orne.

Par *Fuschia*, 1/2 s. N , et *La Fontaine*, par Niger, 1/2 s. N.

Sa grand'mère : Indépendante, par Trouville, P. S. A.
Sa bisaïeule : Alphérie, par Fitz-Pantaloon, P. S. A.

Saint-Lô : 1897-1903. — Réformé le 10 août.

PÉLICAN. — H. N.

B. 1893. — Manche.

Par *Jolibois*, 1/2 s. N., et *Poulot*, par Agnadel, 1/2 s. N.

Sa grand'mère : Sophie, par Pater, 1/2 s. N.
Sa bisaïeule : par Lagopède, 1/2 s. N.

Saint-Lô : 1897-1905. — Réformé le 1er août.

PETIT-POUCET. — H. N.

Bb. 1893. — Orne.

Par *Cherbourg*, 1/2 s. N., et *Perce-Neige*, P. S. A.,
par Cymbal.

Le Pin : depuis 1897.

PETIVILLE. — H. N.

Al. 1893. — Calvados.

Par *Harley*, 1/2 s. N., et *Fauvette V*, par Niger, 1/2 s. N.
Sa grand'mère : Marinette, par Tamberlick, P. S. A.
Sa bisaïeule : par Y. Phœnomenon, 1/2 s. A.
Sa trisaïeule : par Dorus, 1/2 s. N.
Sa quadrisaïeule : par Introuvable, 1/2 s. N.

Le Pin : 1898-1904. — Réformé le 3 août.

PÉTRAC (accepté). — M. Remilly-Tranquille (Manche).

Al. 1901. — Manche.

Par *Quarante-Heures*, 1/2 s. N., et *Rustique*, par Louis-d'Or,
1/2 s. N.
Sa grand'mère : Cocotte, par Tempête, 1/2 s. N.
Sa bisaïeule : par Griche-Midi, 1/2 s. N.
Sa trisaïeule : par Voleur, 1/2 s. N.
Sa quadrisaïeule : par Institut, 1/2 s. N. (approuvé).

Saint-Lô : depuis 1905.

PHARAON. — H. N.

B. 1893. — Manche.

Par *Colporteur*, 1/2 s. N., et *Cupidonne*, par l'Incroyable, P. S. A.
Sa grand'mère : par The Heir-of-Linne, P. S. A.

Saint-Lô : 1897-1902. — Réformé le 11 août.

PHARE. — H. N.

Bb. 1893. — Manche.

Par *Harley*, 1/2 s. N., et *Camélia*, par Lavater, 1/2 s. N.
Sa grand'mère : Faucille, par The Heir-of-Linne, P. S. A.
Sa bisaïeule: N., par Lothaire, 1/2 s. N.

Saint-Lô : depuis 1897.

PIERROT. — H. N.

B. 1893. — Manche.

Par *Levraut*, 1/2 s. N., et *Jarnicoton*, par Domino-Noir, 1/2 s. N.
Sa grand'mère : par Conquérant, 1/2 s. N.
Sa bisaïeule : Modestie, par The Heir-of-Linne, P. S. A.

Saint-Lô : depuis 1898.

PILOTE (accepté). — M. Gonellein (Jean) (Manche).

Bb. 1896. — Manche.

Par *Taquin*, 1/2 s. N., et *N.*, par Vert-Galant, 1/2 s. N.

Saint-Lô : 1900-1903. — Réformé.

PINCHARD (accepté). — M. Tardif, 1895 ; M. Constant-Bataille, 1902-1903 (Manche).

B. 1891. — Manche.

Par *Quality*, 1/2 s. N., et *Julie*, par Sénéchal, 1/2 s. N.

Sa grand'mère : Bijou, par Piston, P. S. A.

Saint-Lô : 1895. — 1902-1903, non représenté.

PIQUE-ASSIETTE. — H. N.

B. 1893. — Calvados.

Par *Juvigny*, 1/2 s. N., et *Sans-Gêne*, par Conquérant, 1/2 s. N.

Sa grand'mère : Carignan, 1/2 s. N.
Sa bisaïeule : par Ganymède, 1/2 s. N.

Le Pin : 1897-1900. — Passé le 31 décembre au service de l'Ecole.

PITT, ex-**PASSE-PARTOUT**. — H. N.

Bb. 1893. — Manche.

Par *Dacapo* 1/2 s. N., et *Lisette*, par Franconi. 1/2 s. N.

Sa grand'mère : Finette, par Shamrock, 1/2 s. A.
Sa bisaïeule : Fidèle, par Santerre, 1/2 s. N.
Sa trisaïeule : Finette, par Géant-des-Batailles, P. S. A.
Sa quadrisaïeule : par Faucon 1/2 s. N.

Saint-Lô : 1897-1904. — Réformé le 17 septembre.

PLAISIR-DES-DAMES. — H. N.

Al. 1893. — Manche.

Par *Magician*, P. S. A., et *Sarah*, par Dominant, 1/2 s. N.

Sa grand'mère : Rigolette, par Quality, 1/2 s. N.
Sa bisaïeule : Caroline, par J'y-Songerai, 1/2 s. N.
Sa trisaïeule : Castille, par Divus, 1/2 s. N.

Saint-Lô : 1897-1903. — Réformé le 10 août.

PLATON, 1/2 s. N. (approuvé). M. Allain, 1898 ; M. Girard, 1900 (Manche).

B. 1893. — Manche.

Par *Kurde*, 1/2 s. N., et *Isabelle*, par Noville, 1/2 s. N.

Sa grand'mère : par Conquérant, 1/2 s. N.
Sa bisaïeule : par Coleraine, 1/2 s. A.

Saint-Lô : depuis 1898.

PLUTUS. — H. N.

N. 1893. — Manche.

Par *Harley*, 1/2 s. N., et *Cascade*, par Lavater, 1/2 s. N.
Sa grand'mère : Evreux, par The Heir-of-Linne, P. S. A.
Sa bisaïeule : Favorite, par Lagopède, 1/2 s. N.
Sa quadrisaïeule : Prest, par Tarrare, P. S. A.

Saint-Lô : 1897-1904. — Réformé le 5 août.

POLE-JEAN (approuvé). — Mme Bayle (Orne).

B. 1895. — France.

Par *Reynolds*, 1/2 s. N., et *Espérance*, par Lavater, 1/2 s. N.
Sa grand'mère : N., par The Heir-of-Linne, P. S. A.
Sa bisaïeule : N., par Bamboula, 1/2 s. N.

Le Pin : depuis 1902.

POLICHINELLE, ex-PASSE-PARTOUT. — H. N.

B. 1893. — Manche.

Par *Harley*, 1/2 s. N., et *Lisa*, par Sénéchal, 1/2 s. N.
Sa grand'mère : Sofie, par Mirliton, 1/2 s. N.
Sa bisaïeule : Mouzo, par Bravo, P. S. A.
Sa trisaïeule : N., par Camisard, 1/2 s. N.

Saint-Lô : 1897-1905. — Réformé le 1er août.

POLLION. — H. N.

Bb. 1893. — Manche.

Par *Colporteur*, 1/2 s. N., et *Belle-Idée*, par Café, 1/2 s. N.
Sa grand'mère : Belle-Idée, par Ignoré, 1/2 s. N.
Sa bisaïeule : Sophie, par Fire-Away, 1/2 s. A.

Saint-Lô : depuis 1897.

POMPÉE. — H. N.

Bb. 1893. — Manche.

Par *Jolibois*, 1/2 s. N., et *Giroflée*, par Tigris, 1/2 s. N.
Sa grand'mère : par Conquérant, 1/2 s. N.

Saint-Lô : 1897-1902. — Réformé le 11 août.

POMPÉÏ. — H. N.

B. 1893. — Sarthe.

Par *Fuschia*, 1/2 s. N., et *Fatma*, par Serpolet-Bai, 1/2 s. N.
Sa grand'mère : Camélia, par Elu, 1/2 s. N.
Sa bisaïeule : Crinoline, par Séducteur, 1/2 s. N.
Sa trisaïeule : Orpheline, P. S. A., par Fitz-Gladiator.

Le Pin : 1897-1903. — Réformé le 10 août.

PONT-D'OR. — H. N.

Al. 1893. — Manche.

Par *Gibraltar*, 1/2 s. N., et *Quality*, par Quality, 1/2 s. N.

Sa grand'mère : Newtone, par Newton, 1/2 s. N.
Sa bisaïeule : Agenda, par Agenda, 1/2 s. N.
Sa trisaïeule : Ugoline, par Ugolin, 1/2 s. N.
Sa quadrisaïeule : N., par Électeur, 1/2 s. N.

Saint-Lô : depuis 1897.

PONTGOUIN. — H. N.

B. 1893. — Orne.

Par *Fuschia*, 1/2 s. N., et *Yanthine*, par Beaugé, 1/2 s. N.

Sa grand'mère : Espérance, par Abrantès, 1/2 s. N.
Sa bisaïeule : Brillante, par Destin, 1/2 s. N.

Saint-Lô : 1897-1905. — Réformé le 1er août.

PONTIVY. -- H. N.

N. 1893. — Calvados.

Par *Union-Jack*, 1/2 s. N., et *Bijou*, par Sobriquet, 1/2 s. N.

Sa grand'mère : Julie, par Jules-César, 1/2 s. N.
Sa bisaïeule : La Poule, par Tyndare, 1/2 s. N.

Saint-Lô : depuis 1897.

PORNIC. — H. N.

Bb. 1893. — Manche.

Par *Harley*, 1/2 s. N., et *Farceuse*, par Lavater, 1/2 s. N.

Sa grand'mère : Augustine, P. S. A., par Auguste et Dalilah.

Le Pin : depuis 1897.

PORTE-DRAPEAU. — H. N.

B. 1893. — Calvados.

Par *Fuschia*, 1/2 s. N., et *Chiffonnette*, par Noville, 1/2 s. N.

Sa grand'mère : Royale-Topaze, P. S. A., par Royal-Quand-Même.

Saint-Lô : 1898-1905. — Réformé le 1er août.

PORTE-MONNAIE. — H. N.

B. 1893. — Calvados.

Par *Jean-de-Nivelle II*, 1/2 s. N., et *La Belle*, par Saint-Rigomer,
1/2 s. N.

Sa grand'mère : par Ulbach, 1/2 s. N.

Saint-Lô : depuis 1897.

PORTE-VEINE. — H. N.
Bb. 1893. — Calvados.
Par *Juvigny*, 1/2 s. N., et *Kabyle*, par Tigris, 1/2 s. N.
Sa grand'mère : par Affidavit, P. S. A.
Saint-Lô : depuis 1897.

PORTICI. — H. N.
B. 1893. — Orne.
Par *Fuschia*, 1/2 s. N., et *Faustine*, par Serpolet-Bai, 1/2 s. N.
Sa grand'mère : Ran-ja-i-mé, par Kaolin, P. S. A.
Sa bisaïeule : par Gaulois, 1/2 s. N.
Le Pin : depuis 1897.

PORT-ROYAL. — H. N.
Bb. 1883. — Calvados.
Par *Juvigny*, 1/2 s. N., et *Gavotte*, par Valencourt, 1/2 s. N.
Sa grand'mère : Pichenette, par Conquérant, 1/2 s. N.
Sa bisaïeule : jument anglaise.
Le Pin : 1897-1903. — Réformé le 10 août.

POURQUOI-DONC (approuvé). — M. de Sainte-Marie
(Calvados).
Bb. 1893. — Calvados.
Par *Archibald*, 1/2 s. N., et *Chérie*, par Union-Jack, 1/2 s. N.
Le Pin : 1897. — Passé dans la circonscription d'Angers en 1898.
Le Pin : depuis 1901.

PREMIER-MAI (autorisé). — M. Davranches-Journois
(Seine-Inférieure).
B. 1893. — France.
Par *Hardy*, 1/2 s. N., et *Oudatchnaya*, jument russe,
par Zacrass, russe.
Sa grand'mère : Oudalaya, jument russe.
Le Pin : 1900-1903. — Non représenté.

PRESBOURG (approuvé). — M. Thibault (Orne).
Al. 1893. — Orne.
Par *Fuschia*, 1/2 s. N., et *Jessie*, par Vichnou, P. S. A.
Sa grand-mère : Iris, par Phaëton, 1/2 s. N.
Sa bisaïeule : Adolpha, par Urus, 1/2 s. N.
Sa bisaïeule : N., par Adolphus, P. S. A.
Le Pin : depuis 1897.

PRÉTORIEN. — H. N.

B. 1893. — Manche.

Par *Hallali*, 1/2 s. N., et *Papillon*, par Shamrock, 1/2 s. A.
Sa grand'mère : Fidèle, par Jackson, 1/2 s. A.
Sa bisaïeule : Fidèle, par Octavo, 1/2 s. N.
Sa trisaïeule : par Géant-des-Batailles, P. S. A.

Saint-Lô : depuis 1897.

PRINCE-NOIR (approuvé). — M. Delettrez (Manche).

Bb. 1893. — Manche.

Par *Canut*, 1/2 s. N., et une fille d'Écueil, 1/2 s. N.

Saint-Lô : 1897-1901. — Castré.

PRINTEMPS (approuvé).— M. Eude. 1897 ; M. Voisin (Calvados).

B. 1893. — Manche.

Par *Jolibois*, 1/2 s. N., et *Haydée*, par Sobriquet, 1/2 s. N.
Sa grand'mère : Nurbaine, par Médicis, P. S. A.

Saint-Lô : 1897-1903. — Réformé.

PRONOSTIC. — H. N.

Gr. 1893. — Orne.

Par *Cherbourg*, 1/2 s. N., et *Isaura*, par Beaugé, 1/2 s. N.
Sa grand'mère : Rosières, par Condé, 1/2 s. N.
Sa bisaïeule : Fortunée, par The Norfolk-Phœnomenon, 1/2 s. A.
Sa trisaïeule : par Kramer, 1/2 s. N.
Sa quadrisaïeule : par Doyen, 1/2 s. N.
5e degré : par D. I. O., P. S. A.
6e degré : par King.

Le Pin : 1897-1903. — Mort le 18 avril.

PYRÉNÉEN. — H. N.

Bb. 1893. — Manche.

Par *Esbly*, 1/2 s. N., et *Poulot*, par Virgile, 1/2 s. N.
Sa grand'mère : Finette, par Brave, P. S. A.

Saint-Lô : depuis 1897.

QUADRA, ex-VAUCOUVER. — H. N.

B. 1894. — Manche.

Par *Ministère*, P. S. A., et *Lisette*, par Nicanor, 1/2 s. N.
Sa grand'mère : par Daniel, 1/2 s. N. (approuvé).
Saint-Lô : 1898-1902. — Réformé le 17 décembre.

QUADRANT. — H. N.
Bb. 1894. — Manche.
Par *Harley*, 1/2 s. N., et *Mademoiselle de-Valogne*,
par Valencourt, 1/2 s. N.

Sa grand'mère : par Wild-Bird, P. S. A
Saint-Lô : depuis 1898.

QUADRILLE (approuvé). — M. Louvel, 1901 ; M. Anger
(Sosthène), 1902 ; M. Louvel, 1905 (Calvados).
N. 1894. — Calvados.
Par *Kalmia*, 1/2 s N., et *N.*, par Tempête, 1/2 s. N.
Saint-Lô : depuis 1901.

QUADRILLE (approuvé). — M. Trochon (Manche).
Bb. 1900. — Calvados.
Par *Kiffis*, 1/2 s. N., et *Polka*, par Jactator, 1/2 s. N.
Sa grand'mère : Suptile, par Coleraine, 1/2 s. A.
Sa bisaïeule : par Voltigeur, 1/2 s. N.
Saint-Lô : depuis 1904.

QUAKER. — H. N.
N. 1894. — Orne.
Par *Phaëton* ou *Cherbourg*, 1/2 s. N., et *Lætitia*
par Cicéron II, 1/2 s. N.
Sa grand'mère : par Valdempierre, 1/2 s. N.
Le Pin : 1898-1902. — Réformé le 22 août.

QUALIFIÉ, ex-**QUADRILLE**. — H. N.
N. 1894. — Manche.
Par *Lecraut*, 1/2 s. N., et *Emigrée*, par Acquila, 1/2 s. N.,
Sa grand'mère : par Apis, 1/2 s. N.
Saint-Lô : 1898-1905. — Réformé le 1er août.

QUALITY (approuvé 1895 ; accepté 1903).
M. Duchenne (Seine-et-Oise).
B. 1894. — France.
Par *Kentucky*, 1/2 s. N., et *Lorraine*, par Etendard, 1/2 s. N.
Sa grand'mère : Réjane, par Niger, 1/2 s. N.
Sa bisaïeule : Angèle, P. S. A., par Atlas.
Le Pin : 1898-1902. -- Saint-Lô : 1903. — Non représenté.

QUALITY II. — H. N.
B. 1894. — Manche.
Par *Colporteur*, 1/2 s. N., et *Quality*, par Quality, 1/2 s. N.

Sa grand'mère : par Newton, 1/2 s. N.
Sa bisaïeule : Agenda, par Agenda, 1/2 s. N.
Sa trisaïeule : Ugoline, par Ugolin, 1/2 s. N.
Sa quadrisaïeule : N., par Électeur, 1/2 s. N.
Saint-Lô : depuis 1898.

QUARANTE-HEURES. — H. N.
B. 1894. — Calvados.
Par *Homard*, 1/2 s. N., et *Faribole*, par Valère, 1/2 s. N.
Sa grand'mère : par *Jeffrys*, 1/2 s. N.
Saint-Lô : depuis 1898.

QUART-D'HEURE (approuvé). — M. Richard (J.) (Manche).
Al. 1894. — Orne.
Par *Nabucho*, 1/2 s. N., et *La Torpille*, par Jadis, 1/2 s. N.
Sa grand'mère : La Tourbière, P. S. A.
Saint-Lô : depuis 1898.

QUARTIER, ex-QUARTIER-MAITRE. — H. N.
B. 1894. — Manche.
Par *Follet*, 1/2 s. N., et *Bergère*, par Stern, 1/2 s. N.

Sa grand'mère : par Lucullus, 1/2 s. N.
Saint-Lô : 1898-1904. — Réformé le 5 août.

QUARTIER-MAITRE. — H. N.
B. 1894. — Orne.
Par *Fuschia*, 1/2 s. N., et *Laura*, par Cherbourg, 1/2 s. N.

Sa grand'mère : Iris, par Phaéton, 1/2 s. N.
Sa bisaïeule : Adolpha, par Urus, 1/2 s. N.
Sa trisaïeule : N., par Adolphus, P. S. A.
Saint-Lô : depuis 1898.

QUARTIER-MAITRE (approuvé).
M. L. Vaudry, 1898 (Calvados) ; M. Cornille (Louis), 1901 (Manche).
Bb. 1894. — Calvados.
Par *Knight*, 1/2 s. N., et *Favorite*, par Vingt-Mars, P. S. A.
(approuvé).
Saint-Lô : 1898-1903. — Réformé.

QUARTILE. — H. N.
B. 1894. — Manche.

Par *Follet*, 1/2 s. N., et *Coquette*, par Héritier, 1/2 s. N.
Sa grand'mère : Rappel, par Ussel, 1/2 s. N.
Sa bisaïeule : Rapelle, par Institut, 1/2 s. N. (approuvé).
Saint-Lô : 1898-1901. — Réformé le 5 août.

QUASIMODO. — H. N.
B. 1894. — Calvados.

Par *Qui-Vive?* 1/2 s. N. (approuvé), et *Jeanne-d'Arc*.
par Conquérant, 1/2 s. N.
Sa grand'mère : Jeanne-la-Folle, par The Heir-of-Linne, P. S. A.
Sa bisaïeule : Jument anglaise.
Saint-Lô : depuis 1898.

QUASIMODO (approuvé). — M. Le Marchand (Manche).
B. 1894. — France.

Par *Ambitious-Boy*, 1/2 s. A. (approuvé), et *Ombrage*,
par Reveller, P. S. A.
Saint-Lô : depuis 1898.

QUATORZE. — H. N.
B. 1894. — Manche.

Par *Follet*, 1/2 s. N., et *Négrette*, par Sir-Edwin-Landseer,
1/2 s. A.
Sa grand'mère : par Riga, 1/2 s. N.
Saint-Lô : depuis 1898.

QUATRAIN, ex-QUARTIER-MAITRE. — H. N.
N. 1894. — Calvados.

Par *Juvigny*, 1/2 s. N., et *Belda*, par Noville, 1/2 s. N.
Sa grand'mère : par Conquérant, 1/2 s. N.
Le Pin : 1898-1902. — Réformé le 13 mai.

QUATRE-A-QUATRE, ex-QUARTIER-MAITRE.
H. N.
Al. 1894. — Calvados.

Par *Gerardmer*, 1/2 s. N., et *Georgette*, par Gaveston,
1/2 s. N.
Sa grand'mère : par Oriental, 1/2 s. N.
Saint-Lô : depuis 1898.

QUATREBRAS. — H. N.
B. 1894. — Manche.
Par *Tempête*, 1/2 s. N., et *Cocote*, par Quelier, 1/2 s. N.
Le Pin : 1898-1903. — Passé aux chevaux de service, n'a pas fait la monte en 1904 : Réintégré en 1905.

QUATRE-CANTONS, ex-**QUASIMODO**. — H. N.
B. 1894. — Orne.
Par *Havas*, 1/2 s. N., et *Jacqueline*, par Jactator, 1/2 s. N.
Sa grand'mère : par Rapid-Roan, 1/2 s. A.
Le Pin : 1898-1904. — Réformé le 3 août.

QUATRE-SOUS, ex-**QUARTIER-MAITRE**. — H. N.
Bb. 1894. — Manche.
Par *Harley*, 1/2 s. N., et *Cléopâtre*, par Utrecht. 1/2 s. N.
Sa grand'mère : Taupette, par Agrippa, 1/2 s. N.
Sa bisaïeule : Lisette, par Quatre-Cents 1/2 s. N.
Sa trisaïeule : N., par Volant., 1/2 s. N.
Saint-Lô : 1898-1902. — Réformé le 17 décembre.

QUEL-BEAU, ex-**QUESTEUR** — H. N.
B. 1894. — Orne.
Par *Cherbourg*, 1/2 s. N., et *Sidalis*, par Abrantès, 1/2 s. N.
Sa grand'mère : par Séducteur, 1/2 s. N.
Le Pin : depuis 1898.

QUELQUEFOIS, ex-**QUÉBEC**, — H. N.
B. 1894. — Orne.
Par *Lobau*, 1/2 s. N., et *Mélodie*, par Fuschia, 1/2 s. N.
Sa grand'mère : par Marignan, 1/2 s. N.
Saint-Lô : depuis 1898.

QUERCY. — H. N.
B. 1894. — Manche.
Par *Levraut*, 1/2 s. N., et *Khiva*, par Lavater, 1/2 s. N.
Sa grand'mère : Cent-Sous, P. S. A., par Ruy-Blas.
Saint-Lô : depuis 1898.

QUERELLEUR. — H. N.
B. 1894. — Manche.
Par *Jacques*, 1/2 s. N., et *Pompon*, par Utile-à-Tout, 1/2 s. N.
Sa grand'mère : par Platon, 1/2 s. N.
Saint-Lô : depuis 1898.

QUERELLEUR (approuvé). — M. Aug. Richard, 1898 ;
M. Jean Richard, 1903 (Manche).
B. 1894. — Manche.
Par *Forestier*, 1/2 s. N., et *Bijou*, par Orfila, 1/2 s. N.
Sa grand'mère : par Ugolin, 1/2 s. N.
Sa bisaïeule : par J'y songerai, 1/2 s. N.
Saint-Lô : depuis 1898.

QUESNOY. — H. N.
B. 1894. — Orne.
Par *Nabucho*, 1/2 s. N., et *Lady-Namitt*, par Echo, 1/2 s. N.
Sa grand'mère : par Niger, 1/2 s. N.
Saint-Lô : depuis 1898.

QUESTEUR. — H. N.
B. 1894. — Orne.
Par *Cherbourg*, 1/2 s. N., et *Conquête*, par Conquérant, 1/2 s. N.
Sa grand'mère : par Niger, 1/2 s. N.
Sa bisaïeule : par Centaure, 1/2 s. N.
Sa trisaïeule : par Tipple-Cider, 1/2 s. A.
Le Pin : depuis 1898.

QUESTEUR (approuvé). — M. Le Marchand (Manche).
B. 1894. — Manche.
Par *Lemnos*, 1/2 s. N., et *Reblot*, par Utique, 1/2 s. N.
Sa grand'mère : Ribaud, par Egesippe, 1/2 s. N.
Sa bisaïeule : par Kapirat, 1/2 s. N.
Saint-Lô : depuis 1898.

QUIBON, ex-**QUOLIBET**. — H. N.
B. 1894. — Calvados.
Par *Galba*, 1/2 s. N., et *Mina*, par Hardy, 1/2 s. N.
Sa grand'mère : par Marignan, 1/2 s. N.
Saint-Lô : depuis 1898.

QUIBON (approuvé). — M. de Panthou, 1898 (Calvados);
M. Lepileur, 1900 (Manche).
B. 1894. — Calvados.
Par *Carnavalet*, 1/2 s. N., ou *Archibald*, 1/2 s. N.,
et *Civette*, par Fitz-Qui-Vive, 1/2 s. N.
Saint-Lô : 1898-1902. — Non représenté.

QUIBUS. — H. N.
Al. 1894. — Orne.
Par *Fuschia*, 1/2 s. N., et *Soubrette*, par Vichnou,
P. S. A.

Sa grand'mère : Miss-Carlotta, par Séducteur, 1/2 s. N.
Sa bisaïeule : par Kœnisberg, 1/2 s. N.
Sa trisaïeule : par Gloecster, 1/2 s. A.
Sa quadrisaïeule : par Sylvio, P. S. A.
Le Pin : 1898-1903 — Réformé le 10 août.

QUID, ex-**QUIRITE**. — H. N.
Bb. 1894. — Orne.
Par *James-Watt*, 1/2 s. N., et *Minerve*,
par Serpolet-Bai, 1/2 s. N.

Sa grand'mère : Pégriote, par Elu, 1/2 s. N.
Sa bisaïeule : Frétillon, par Solide, 1/2 s. N.
Sa trisaïeule : Pégriote, par Eylau, P. S. A.-Ar.
Sa quadrisaïeule : Jument arabe, mère de Buci et de Jactator.
Le Pin : 1898-1904. — Réformé le 3 août.

QUIDAM. — H. N.
B. 1894. — Orne.
Par *James-Watt*, 1/2 s. N., et *Ella*, par Quiclet,
1/2 s. N.

Sa grand'mère : Céline, par Séducteur, 1/2 s. N.
Sa bisaïeule : par Tipple-Cider, P. S. A.
Sa trisaïeule : par Sylvio, P. S. A.
Le Pin : 1898-1904. — Réformé le 3 août.

QUI-DONG, ex-**QUINQUINA**. — H. N.
B. 1894. — Calvados.
Par *Sans-Souci*, 1/2 s. N., et *Destinée*, par Noville,
1/2 s. N.
Sa grand'mère : Rébecca, 1/2 s. N.
Saint-Lô : depuis 1898.

QUILBOQUET. — H. N.

Bb. 1894. — Manche.

Par *Frondeur*, 1/2 s. N., et *Orpheline*, par Seigneur II,
P. S. A.

Sa grand'mère : Mazette, par Great-Master, 1/2 s. A.
Sa bisaïeule : N., par Ravissant, 1/2 s. N.

Saint-Lô : 1898-1902. — Réformé le 11 août.

QU'IL-EST-VAILLANT, ex-QUIRITES. — H. N.

B. 1894. — Orne.

Par *Phaéton* ou *Cherbourg*, 1/2 s. N., et *Damoiselle*,
ex-*Madame II*, P. S. A., par Mousquetaire.
Saint-Lô : 1898-1904. — Réformé le 5 août.

QUILOA. — H. N.

Al. 1894. — Orne.

Par *James-Watt*, 1/2 s. N., et *Camélia*, par Beaugé,
1/2 s. N.

Sa grand'mère : Sybille, par Quiclet, 1/2 s. N.
Sa bisaïeule : N., par Gall, 1/2 s. N.
Sa trisaïeule : N., par Inkermann, 1/2 s. N.
Sa quadrisaïeule : N., par Tamberlick, P. S. A.

Saint-Lô : depuis 1898.

QU'IL-Y-AILLE. — H. N.

B. 1894. — Orne.

Par *Lobau*, 1/2 s. N., et *Mandarine*, par Edimbourg,
1/2 s. N.

Sa grand'mère : par Séducteur, 1/2 s. N.
Saint-Lô : 1898-1903. — Réformé le 10 août.

QUINOXE. — H. N.

Al. 1894. — Orne.

Par *Iambe*, 1/2 s. N., et *Pimpante*, par Sublime,
1/2 s. N.

Sa grand'mère : par Arétin, ou Lans-Born, 1/2 s. N.
Saint-Lô : depuis 1898.

QUINTAL. — H. N.

B. 1894. — Sarthe.

Par *Cherbourg*, 1/2 s. N., et *Favorite*, par Phaëton, 1/2 s. N.
Sa grand'mère : Bluette, par Quidlet, 1/2 s. N.
Sa bisaïeule : par Gall, 1/2 s. N.
Sa trisaïeule : par Inkermann, 1/2 s. N.
Sa quadrisaïeule : par Tipple-Cider, P. S. A.
5e degré : par Eylau, P. S. A. Ar.

Le Pin : depuis 1898.

QUINTAL

Accepté : 1897 ; approuvé : 1898. — M. Auteck (Orne).
N. 1891. — Normandie.
Par *Phaëton*, 1/2 s. N., et *Tulipe*, par Eclipse, 1/2 s. N.
Le Pin : 1897-1900. — Autorisé en 1901, n'a pas fait la monte.

QUINTEUX, ex-QUIBUS. — H. N.

Bb. 1894. — Calvados.
Par *Qui-Vive*, 1/2 s. N. (approuvé), et *Kyrielle*, par Etendard,
1/2 s. N., ou Acquila, 1/2 s. N.
Sa grand'mère : par Normand, 1/2 s. N.
Saint-Lô : 1898-1902.— Passé au service du domaine à Pompadour.

QUI-PERD-GAGNE. — H. N.

N. 1894, — Calvados.
Par *Juvigny*. 1/2 s. N., et *Joyeuse*, par Réussi, P. S. A.
Sa grand'mère : par Noville, 1/2 s. N.
Saint-Lô : depuis 1898.

QUIPROQUO. — H. N.

Bb. 1894. — Calvados.
Par *Diplomate*, 1/2 s. N., et *Rapide*, par Lord, 1/2 s. N.
Sa grand'mère : Poulot, par Léotard, 1/2 s. N.
Sa bisaïeule : N., par Ramsay.
Saint-Lô : 1898-1904. — Réformé le 5 août.

QUIRETTE. — H. N.

Bb. 1894. — Calvados.
Par *Hexamètre*, 1/2 s. N., et *Petiote*, par Sabinus,
1/2 s. N. (approuvé).
Saint-Lô : depuis 1898.

QUIRUITE. — H. N.
Al. 1894. — Manche.
Par *Jouteur*, 1/2 s. N., et *Mouvette*, par Vitrier,
1/2 s. N., (approuvé).
Saint-Lô : 1898-1905. — Mort le 11 octobre.

QUI-SAIT, ex-QUERCY. — H. N.
B. 1894. — Orne.
Par *Cherbourg*, 1/2 s. N., et *Farandole*, par Phaëton, 1/2 s. N.
Sa grand'mère : par Conquérant, 1/2 s. N.
Saint-Lô : 1898-1904. — Mort le 21 juillet.

QUISSAC. — H. N.
Bb. 1894. — Calvados.
Par *Diplomate*, 1/2 s. N., et *Mignonne*, par Phare, 1/2 s. N.
Sa grand'mère : Mignonne, par Cicéron, 1/2 s. N.
Sa bisaïeule : Mignonne, par Ulysse.
Sa trisaïeule : N., par Sancho, 1/2 s. N.
Saint-Lô : depuis 1898.

QUISTENIE. — H. N.
N. 1894. — Orne.
Par *Kriss*, 1/2 s. N., et *Somnambule*, P. S. A., par Zut.
Saint-Lô : 1898-1904. — Mort le 20 mai.

QUITRI (approuvé). — M. Girard Magloire (Manche).
B. 1894. — Manche.
Par *Connétable*, 1/2 s. N., et *Peloton*, par Quotient, 1/2 s. N.
Saint-Lô : depuis 1898.

QUITRI (approuvé). — M. Lepileur ; M. Girard (Manche).
Bb. 1894. — France.
Par *Frondeur*, 1/2 s. N., et *Lisa*, par Utrecht, 1/2 s. N.
Saint-Lô : depuis 1898.

QUI-VEUT-ON. — H. N.
Al. 1894. — Orne.
Par *Kiffis*, 1/2 s. N., et *Magistère*, par Havas, 1/2 s. N.
Sa grand'mère : par Barrabas, 1/2 s. N.
Saint-Lô : depuis 1898.

QUI-VIVE III (approuvé). — M. Guillerme (Manche).
B. 1894. — Manche.
Par *Harley*, 1/2 s. N., et *Gloriette*, par Télémaque, 1/2 s. N.
Sa grand'mère : Mignonne, par Kapiral, 1/2 s. N.
Saint-Lô : depuis 1899.

QUOJA. — H. N.
B. 1894. — Manche.
Par *Ministère*, P. S. A., et *Isigny*, par Valentino,
1/2 s. N.

Sa grand'mère : Mouton, par Rostrum, 1/2 s. N.
Sa bisaïeule : Rapide, par Léotard, 1/2 s. N.
Saint-Lô : depuis 1898.

QUORUM. — H. N.
Al. 1894. — Orne.
Par *James-Watt*, 1/2 s. N., et *Imprudente*, par Beangé,
1 2 s. N.

Sa grand'mère : Voltigeuse, par Parthénon ou Gall, 1/2 s. N.
Sa bisaïeule : Belle-de-Jour, par Inkermann, 1/2 s. N.
Sa trisaïeule : Fatmée, par Tipple-Cider, P. S. A.
Sa quadrisaïeule : N., par Eylau, P. S. A.-Ar.
Saint-Lô : depuis 1898.

QUOTIDIEN, ex-**QUOLIBET**. — H. N.
B. 1894. — Orne.
Par *Cherbourg*, 1/2 s. N., et *Lafontaine*, par Niger,
1/2 s. N.

Sa grand'mère : Indépendante, par Trouville, P. S. A.
Sa bisaïeule : Alphérie, par Fitz-Pantaloon, P. S. A.
Sa trisaïeule : Ida II, par William, P. S. A.
Sa quadrisaïeule : Ida, par Basly, 1/2 s. N.
5e degré : par Impérieuse, 1/2 s. N.
Le Pin : depuis 1898.

QUOTIENT. — H. N.
B. 1894. — Manche.
Par *Intérim*, 1/2 s. N. (approuvé), et *Coquette*, par Tibère,
1/2 s. N.
Sa grand'mère : par Edgard 1/2 s. N.
Saint-Lô : depuis 1898.

RABELAIS. — H. N.
Al. 1895. — Calvados.

Par *Juvigny*, 1/2 s. N., et *Kama*, par Beaugé, 1/2 s. N.

Sa grand'mère : Fatma, par Parthénon, 1/2 s. N.
Sa bisaïeule : par Thésée, 1/2 s. N.

Le Pin : depuis 1899.

RACLEUR — H. N.
Al. 1895. — Sarthe.

Par *Fuschia*, 1/2 s N., et *Ecolière*, par Phaëton, 1/2 s. N.

Sa grand'mère Fleur-de-Genest : par Gall, 1/2 s. N.
Sa bisaïeule : par Inkermann, 1/2 s. N.,
Sa trisaïeule : par Tipple-Cider, P. S. A.
Sa quadrisaïeule : par Eylau, P. S. A. Ar.

Le Pin : depuis 1900.

RADAMA. — H. N.
B. 1895. — Manche.

Par *Harley*, 1/2 s. N., et *Ecausseville*, par Carnavalet, 1/2 s. N.,

Sa grand'mère : par Vandermulin, P. S. A.
Sa bisaïeule : Pomperat, par Lavater, 1/2 s. N.
Sa trisaïeule : L'Aigle, par Vandermulin, P. S. A,

Saint-Lô : depuis 1899.

RADZIVILL. — H. N.
Al. 1895. — Orne.

Par *Juvigny*, 1/2 s. N., et *Gavotte*, par Edimbourg,
1/2 s. N.

Sa grand'mère : Eurydice, par Phaëton, 1/2 s. N.
Sa bisaïeule : Coquette, par Coleraine, 1/2 s. A.
Sa trisaïeule : par Impérial, 1/2 s. N.

Le Pin : depuis 1899.

RAIMBAUD (Approuvé). — M. Le Marchand (Manche).
B. 1895. — Manche.

Par *Lance-à-Mort*, 1/2 s. N., et *Negrine*, par Fred-Archer, 1/2 s. N.

Sa grand'mère : par Lavater, 1/2 s. N.
Sa bisaïeule : par Agenda, 1/2 s. N.
Sa trisaïeule : par Eylau, P. S. A.-Ar.

Saint-Lô : 1899-1904. — Mort.

RAMEAU. — H. N.

Al. 1895. — Sarthe.

Par *Iambe*, 1/2 s. N., et *Nerveuse*, par Edimbourg, 1/2 s. N.

Sa grand'mère : Corysandre, par Elu, 1/2 s. N.
Sa bisaïeule : par Séducteur, 1 2 s. N.

Saint-Lô : depuis 1899.

RAMEREAU (accepté). — M. Améline (Manche).

Al. 1895. — Manche.

Par *Egmont*, 1 2 s. N., et *Papillon*, par Serviteur, 1/2 s. N.

Sa grand'mère : Cocotte, par Sancho, 1/2 s. N. (approuvé)

Saint-Lô : 1899-1904. — Non représenté.

RANCOUR. — H. N.

B. 1895. — Orne.

Par *Fuschia*, 1/2 s. N., et *Giselle*, par Phaéton, 1/2 s. N.

Sa grand'mère : Rosamonde, par Quiclet, 1/2 s. N.
Sa bisaïeule : Alphérie, par Fitz-Pantaloon, P. S. A.
Sa trisaïeule : Ida II, par William, P. S. A.
Sa quadrisaïeule : Ida, par Basly, 1/2 s. N.
5e degré : par Impérieux, 1/2 s. N.

Le Pin : depuis 1899.

RANGEZ-VOUS. — H. N.

B. 1895. — Orne.

Par *Cherbourg*, 1/2 s. N., et *Ellora*, par Phaéton, 1/2 s. N.
1/2 s. N.

Sa grand'mère : Juliana, par Elu, 1/2 s. N.
Sa bisaïeule : Voyageuse, par Gaulois, 1/2 s. N.
Sa trisaïeule : Brillante, par Jéricko, 1/2 s. N.
Sa quadrisaïeule : Ida, par Basly, 1/2 s. N.
5e degré : par Impérieux, 1/2 s. N.

Le Pin : depuis 1899.

RAPIDE-ÉCLAIR (approuvé). — M. Auguste Lerecuby
(Calvados).

B. 1895. — Calvados.

Par *Gérardmer*, 1/2 s. N., et *Augustine*, par Elu, 1/2 s. N.
Sa grand'mère : par Gabridge, 1/2 s. N.

Saint-Lô : depuis 1899.

RAVISSANT. — H. N.
B. 1895. — Manche.
Par *Cordon-Bleu*, P. S. A., et *Rosette*, par Newton, 1/2 s. N.
Sa grand'mère : par Agenda, 1/2 s. N.
Saint-Lô : depuis 1899.

REBEC. — H. N.
Al. 1895. — Manche.
Par *Fontenay*, 1/2 s. N., et *Ministère*, par Ministère, P. S. A.
Sa grand'mère : Bijou, par Ugolin, 1/2 s. N.
Sa bisaïeule : Brebis, par Ravissant, 1/2 s. N.
Sa trisaïeule : N., par Lagopède, 1/2 s. N.
Saint-Lô : 1899-1903. — Réformé le 10 août.

REBOUL. — H. N.
N. 1895. — Orne.
Par *James-Watt*, 1/2 s. N., et *Javotte*, par Tempête, 1/2 s. N.
Sa grand'mère : par Qui-Vive, 1/2 s. N.
Saint-Lô : depuis 1899

RÉBUS. — H. N.
B. 1895. — Seine-Inférieure.
Par *Cherbourg*, 1/2 s. N., et *Jonquille II*, par Étudiant, 1/2 s. N.
Sa grand-mère : par Phaéton, 1/2 s. N.
Le Pin : 1899-1903. — Réformé le 10 août.

RÉMI. — H. N.
B. 1895. — Manche.
Par *Hallali*, 1/2 s. N., et *J'Arrive*, par Shamrock, 1/2 s. A.,
Sa grand-mère : Marron, par Quasi, 1/2 s. N.
Sa bisaïeule : N., par Élu, 1/2 s. N.
Saint-Lô : 1899-1905. — Réformé le 1er août.

REMPART. — H. N.
B. 1895. — Calvados.
Par *Tigris*, 1/2 s. N., et *Lionne*, par Acquila, 1/2 s. N.
Sa grand'mère : par Conquérant, 1/2 s. N.
Saint-Lô : depuis 1899.

RÉMULUS (approuvé). — M. A. Forcinal (Orne).

N. 1895. — France.

Par *Kalmia*, 1/2 s. N. (approuvé), et *Eglantine*,
par Phaéton, 1/2 s. N.

Sa grand'mère : Queen, par Éclipse, 1/2 s. N.
Sa bisaïeule : Miss-Bell, américaine.

Le Pin : 1900-1903. — Non représenté. — Vendu.

RÉMUS. — H. N.

Al. 1895. — Orne.

Par *Nabucho*, 1/2 s. N., et *Naïade*, par Havas, 1/2 s. N.

Sa grand'mère : Eglantine, par Elu, 1/2 s. N.
Sa bisaïeule : par Faust, P. S. A.

Le Pin : depuis 1899.

RENFORT. — H. N.

Al. 1895. — Orne.

Par *Lobau*, 1/2 s. N., et *Cantatrice*, par Elu, 1/2 s. N.

Sa grand'mère : Reine-des-Prés, par Séducteur, 1/2 s. N.
Sa bisaïeule : par Tipple-Cider, P. S. A.

Le Pin : depuis 1899.

RENNE. — H. N.

B. 1895. — Manche.

Par *Mancini*, 1/2 s. N., et *Sultane*, par Trajan, 1/2 s. N.

Sa grand'mère : Plaisante, par Avignon, 1/2 s. N.
Sa bisaïeule : N., par Vice-Président, 1/2 s. N.

Saint-Lô : depuis 1899.

RÉSÉDA. — H. N.

Bb. 1895. — Orne.

Par *Fuschia*, 1/2 s. N., et *Jeanne-Hachette*, par Phaéton, 1/2 s. N.

Sa grand'mère : Travailleuse, par Marx, 1/2 s. R. (approuvé).
Sa bisaïeule : Miss-Bell, jument américaine.

Le Pin : 1899-1904. — Passé aux chevaux de service.

RÉSÉDA (approuvé). — M. Olry (Orne).

Al. 1895. — Orne.

Par *Fuschia*, 1/2 s. N., et *Camelia*, par Barrabas, 1/2 s. N.,
ou Sir-Quid-Pigtail, P. S. A.

Sa grand'mère : Cérès, par Urimesnil, 1/2 s. N.
Sa bisaïeule : fille de Palanquin, 1/2 s. N.
Sa trisaïeule : fille de Centaure, 1/2 s. N.
Sa quadrisaïeule : fille de Valdemar, 1/2 s. N.
5e degré : fille de Kramer, 1/2 s. N.

Le Pin : depuis 1900.

RÉSOLU. — H. N.

B. 1895. — Orne.

Par *Juvigny*, 1/2 s. N., et *Kœcy*, par Beaugé, 1/2 s. N.

Sa grand'mère : par Quiclet, 1/2 s. N.

Saint-Lô : depuis 1899.

RESPLENDISSANT. — H. N.

Bb. 1895. — Manche.

Par *Madar*, 1/2 s. N., et *Charmante*, par Espadem, 1/2 s. N.

Sa grand'mère : par Vanikoro, 1/2 s. N.
Sa bisaïeule : par Quitri, 1/2 s. N.

Saint-Lô : 1899-1904. — Réformé le 5 août.

RESSAC (approuvé). — M. de Panthou ; Mme Vve Morcel
(Calvados).

B. 1895. — Manche.

Par *Ministère*, P. S. A., et *La Brune*, par Habeo, 1/2 s. N.

Sa grand'mère : Bergère, par Stern, 1/2 s. N.
Sa bisaïeule : par Lucullus, 1/2 s. N.

Saint-Lô : depuis 1899.

RÉSULTAT. — H. N.

B. 1895. — Orne.

Par *Cherbourg*, 1/2 s. N., et *Printanière*, par Vermouth, P. S. A.

Sa grand'mère : par Fitz-Pantaloon, P. S. A.

Saint-Lô : depuis 1899.

REUX. — H. N.

Ro. 1895. — Calvados.

Par *Fuschia*, 1/2 s. N., et *Jenny*, par Tigris, 1/2 s. N.

Sa grand'mère : Écossaise, par Normand, 1/2 s. N.
Sa bisaïeule : Pichenette, par Conquérant, 1/2 s. N.
Sa trisaïeule : jument anglaise importée.

Le Pin : depuis 1899.

RÉVEILLON. — H. N.

Al. 1895. — Orne.

Par *Zut*, P. S. A., et *Minerve*, par Gaulois, 1/2 s. N.

Sa grand'mère : par Centaure, 1/2 s. N.

Saint-Lô : depuis 1899.

RÉVEILLON (approuvé). — M. Marie (Léon), 1901 (Calvados) ; M. Lebourrier (Alph.), 1902 (Manche).

B. 1895. — Manche.

Par *Lance-à-Mort*, 1/2 s. N., et *Olice*, par Upas, 1/2 s. N.

Sa grand'mère : Olivette, par Orphée, 1/2 s. N.
Sa bisaïeule : Elisa, par Corsair, 1/2 s. A.
Sa trisaïeule : Elise, par Marcellus, P. S. A.
Sa quadrisaïeule : La Panachée, par D. I. O., P. S. A.
5e degré : fille de Matador, 1/2 s. N.
6e degré : fille de Sommerset.

Saint-Lô : depuis 1901.

RÉVEIL-MATIN. — H. N.

B. 1895. — Manche.

Par *Jolibois*, 1/2 s. N., et *Caroline*, par J'y-Songerai, 1/2 s. N.

Sa grand'mère : Castille, par Divus, 1/2 s. N.

Saint-Lô : depuis 1899.

RÉVÉREND. — H. N.

N. 1895. — Orne.

Par *Kiffis*, 1/2 s. N., et *Marie-Jeanne*, par Echo, 1/2 s. N.

Sa grand'mère : Finance, par Niger, 1/2 s. N.
Sa bisaïeule : Miss-Pierce, par Succès, 1/2 s. N.
Sa trisaïeule : Lady-Pierce, jument américaine.

Le Pin : 1899-1905. — Réformé le 1er août.

RÊVEUR. — H. N.

N. 1895. — Calvados.

Par *Fontenay*, 1/2 s. N., et *Gambade*, par Utilis, 1/2 s. N.

Sa grand'mère : par Affidavit, P. S. A.
Sa bisaïeule : par Jovial, 1/2 s. N.

Saint-Lô : depuis 1899.

RHUM. — H. N.

Bb. 1895. — Manche.

Par *Intrépide*, 1/2 s. N., et *Bijou*, par Attrayant, 1/2 s. N.

Sa grand'mère : Bijou, par Egésippe, 1/2 s. N.
Sa bisaïeule : N., par Volcan, 1/2 s. N.

Saint-Lô : depuis 1899.

RICHARD. — H. N.

B. 1895. — Manche.

Par *Héron*, 1/2 s. N. (approuvé), et *Rapide*, par Ulysse, 1/2 s. N.

Sa grand'mère : Grelot, par Institut, 1/2 s. N.
Sa bisaïeule : par Sylvino, 1/2 s. N.

Saint-Lô : depuis 1899.

RICHE-EN-GOULE. — H. N.

B. 1895. — Manche.

Par *Levraut*, 1/2 s. N., et *Gazelle*, par Lavater, 1/2 s. N.

Sa grand'mère : par Ugolin, 1/2 s. N.
Sa bisaïeule : par The Heir-of-Linne, P. S. A.

Saint-Lô : depuis 1899.

RIGA. — H. N.

N. 1895. — Orne.

Par *James-Watt*, 1/2 s. N., et *Mirabelle*, par Edimbourg, 1/2 s. N.

Sa grand'mère : Belle-de-Nuit, par Niger, 1/2 s. N.
Sa bisaïeule : par Centaure, 1/2 s. N.

Saint-Lô : depuis 1900.

9

RIGODON (approuvé). — M. Richard (Paul).
Bb. 1895. — Manche.
Par *Kaïn*, 1/2 s. N., et *Argentine*, par Quickly, 1/2 s. N.
Sa grand'mère : par Ignoré, 1/2 s. N.
Sa bisaïeule : par Victorieux, 1/2 s. N.
Sa trisaïeule : par Perfection, 1/2 s. N.
Saint-Lô : 1899-1902. — Réformé.

RIGOLETTO. — H. N.
B. 1895. — Orne.
Par *Phaéton*, 1/2 s. N., et *Formose*, par Ulrich II, 1/2 s. N.
Sa grand'mère : par Agenda, 1/2 s. N.
Saint-Lô : depuis 1899.

RIP. — H. N.
Al. 1895. — Eure.
Par *Galba*, 1/2 s. N., et *Fatma*, par Baptiste-Lemore, 1/2 s. N.
Sa grand'mère : par Koping, 1/2 s. N.
Saint-Lô : depuis 1899.

RIP (approuvé). — M. Voisin (Calvados).
Bb. 1895. — Calvados.
Par *Mahomet*, 1/2 s. N., et *Frégate*, par Phaéton, 1/2 s. N.
Sa grand'mère : Eglantine, par Elu, 1/2 s. N.
Sa bisaïeule : par Faust, P. S. A.
Saint-Lô : 1899-1903. — Castré.

RIPOLLIN. — H. N.
Bb. 1895. — Calvados.
Par *Lucifer*, 1/2 s. N., et *Espérance*, par Tamberlick, P. S. A.
Sa grand'mère : par Porthos, 1/2 s. N.
Saint-Lô : 1899-1902. — Réformé en août.

RIS-TOUJOURS. — H. N.
B. 1895. — Manche.
Par *Mahé*, 1/2 s. N., et *Blanc-Pied*, par Vol-au-Vent, 1/2 s. N.
Sa grand'mère : N., par Index, 1/2 s. N.
Saint-Lô : 1899-1904. — Réformé le 5 août.

ROBERT-LE-DIABLE (approuvé). — M. Clerc
(Seine-Inférieure).
N. 1895. — Normandie.

Par *James-Watt*, 1/2 s. N., et *Grisette*, par Uriel, 1/2 s. N.

Sa grand'mère : Amaranthe, par Niger, 1/2 s. N.
Sa bisaïeule : N., par Serenader, 1/2 s. A.
Sa trisaïeule : N., par Tripple-Cider, P. S. A.

Le Pin : 1900-1904. — Non représenté en 1905.
Vendu pour la Belgique.

ROBERT-LE-FORT, ex-**ROMULUS**. — H. N.
Al. 1895. — Orne.

Par *Nabucho*, 1/2 s. N., et *La Torpille*, par Jadis, 1/2 s. N.

Sa grand'mère : La Tourbière, P. S. A., par Optimist.

Le Pin : 1899-1905. — Passé le 1er août au service de l'École.

ROCAMBOLE II, ex-**ROCAMBOLE**. — H. N.
Bb. 1896. — Sarthe.

Par *Juvigny*, 1/2 s. N., et *Lutine*, par Serpolet-Bai, 1/2 s. N.

Sa grand'mère : Belle-Garde, par Koping ou Abrantès, 1/2 s. N.
Sa bisaïeule : Conquête, par Général, 1/2 s. N.
Sa trisaïeule : Fatemey, par Tripple-Cider, P. S. A.
Sa quadrisaïeule : par Eylau, P. S. A.-Ar.

Le Pin : 1900-1904. — Réformé le 3 août.

ROCHAMBEAU. — H. N.
B. 1895. — Manche.

Par *Harley*, 1/2 s. N., et *Tricoteuse*, par Tempête, 1/2 s. N.

Sa grand'mère : Bayeuse, par Ugolin, 1/2 s. N.
Sa bisaïeule : N., par Lothaire, 1/2 s. N. (approuvé).

Saint-Lô : depuis 1899.

ROCREU. — H. N.
B. 1895. — Orne.

Par *Cherbourg*, 1/2 s. N., et *Ma Cousine*, par Kaolin, P. S. A.

Sa grand'mère : par Liberator, 1/2 s. A.

Saint-Lô : depuis 1899.

ROI-DE-CŒUR, ex-REMUANT. — H. N.

B. 1895. — Manche.

Par *Mahomet*, 1/2 s. N., et *Espérance*, par Carnavalet, 1/2 s. N

Sa grand'mère : Lady-Quid-Juris, par Quid-Juris, P. S. A.
Sa bisaïeule : fille de Lionceau, 1/2 s. N.
Sa trisaïeule : par Marengo, P. S. A.-Ar.

Le Pin : 1899-1902. — Réformé le 17 décembre.

ROI-NÈGRE. — H. N.

N. 1895. — Calvados.

Par *Kachemir*, 1/2 s. N., et *Jeanne-de-Nivelle*,
par Baptiste-le-More, 1/2 s. N.

Sa grand'mère : par Liberator, 1/2 s. A.

Saint-Lô : 1899-1902. — Réformé le 11 août.

ROITELET (approuvé). — M. Lallouet (Orne).

B. 1895. — Orne.

Par *Cherbourg*, 1/2 s. N., et *Dora*, par Niger, 1/2 s. N.

Le Pin : 1899-1900.

ROLAND. — H. N.

Al. 1895. — Orne.

Par *Juvigny*, 1/2 s. N., et *Mélisse*, par Cicéron II
ou Edimbourg, 1/2 s. N.

Sa grand'mère : Sultane, par Gaulois, 1/2 s. N.
Sa bisaïeule : Brillante, par Destin, 1/2 s. N.
Sa trisaïeule : par Tripple-Cider, P. S. A.
Sa quadrisaïeule : par Xerxès, 1/2 s. N.

Le Pin : depuis 1899.

ROLLON, ex-RÉSÉDA. — H. N.

Al. 1895. — Orne.

Par *Juvigny*, 1/2 s. N., et *La France*, par Edimbourg, 1/2 s. N.

Sa grand'mère : Gérance, par Phaéton, 1/2 s. N.
Sa bisaïeule : Glorieuse, par Séducteur, 1/2 s. N.
Sa trisaïeule : Ecolière, par Extase, 1/2 s. N.
Sa quadrisaïeule : Thérésa, par Destin, 1/2 s. N.
5e degré : Brillante, par Jéricko, 1/2 s. N.
6e degré : Ida, par Basly, 1/2 s. N.

Le Pin : depuis 1899.

ROMAIN (approuvé). — M. Lepileur (Manche).
Bb. 1895. — Calvados.
Par *Fumel*, 1/2 s. N., et *Surprise*, par Baptiste-le-More, 1/2 s. N.
Saint-Lô : 1899-1905. — Réformé.

ROMANO. — H. N.
Al. 1895. — Calvados.
Par *Himalaya*, 1/2 s. N., et *Éclatante*, par Niger, 1/2 s. N.
Sa grand'mère : par Hick, 1/2 s. N.
Le Pin : 1899-1901.
Passé le 23 janvier 1902 aux chevaux de service.

ROMARIN. — H. N.
B. 1895. — Orne.
Par *Galba*, 1/2 s. N., et *Nancy*, par Cherbourg, 1/2 s. N.
Sa grand'mère : par Niger, 1/2 s. N.
Saint-Lô : 1899-1901.
Mort le 19 mars 1902 sans avoir fait la monte.

ROMÉO. — H. N.
Al. 1895. — Orne.
Par *Iambe*, 1/2 s. N., et *Cornélie*, par Usquebac, 1/2 s. N.
Sa grand'mère : par Quiclet, 1/2 s. N.
Le Pin : 1899-1901.
Passé le 23 janvier 1902 aux chevaux de service.

ROMÉO (approuvé). — M. Macé (Alexandre) (Manche).
B. 1895. — Manche.
Par *Kurde*, 1/2 s. N., et *Orgueilleuse*, par Dacapo, 1/2 s. N.
Sa grand'mère : Bengali, par Madère, 1/2 s. N.
Saint-Lô : depuis 1899.

ROMINAGROBIS, ex-RASEUR. — H. N.
B. 1895. — Orne.
Par *Kiffis*, 1/2 s. N., et *La Pitache*, par Ventre-Saint-Gris,
P. S. A.
Le Pin : 1899-1904. — Réformé le 3 août.

ROMULUS. — H. N.
B. 1895. — Calvados.
Par *Martial*, 1/2 s. N., et *Clair-de-Lune*, par Galba, 1/2 s. N.
Sa grand'mère : par Tigris, 1/2 s. N.
Saint-Lô : 1899-1902. — Réformé le 11 août.

RONI (accepté). — M. Leboulanger (Alexandre) (Manche).
N. 1895. — Manche.
Par *Kimono*, 1/2 s. N., et une fille d'Ambassadeur, 1/2 s. N.
(approuvé).
Saint-Lô : depuis 1900.

ROQUELAURE. — H. N.
B. 1895. — Calvados.
Par *Martial*, 1/2 s. N., et *Basquine*, par Palm, 1/2 s. N.
Sa grand'mère : Juliette, par Mazeppa, 1/2 s. N.
Sa bisaïeule : par Oribe, 1/2 s. N.
Le Pin : 1899-1902. — Réformé le 7 décembre.

ROQUELAURE II, ex-**ROQUELAURE**. — H. N.
Al. 1895. — Calvados.
Par *Fuschia*, 1/2 s. N., et *Royal-Normande*, par Normand,
1/2 s. N.
Sa grand'mère : Jeanneton, P. S. A., par Auguste.
Le Pin 1900-1902. — Réformé le 22 août.

ROSCOFF (approuvé). — M. du Rozier, 1901 (Calvados) ;
M. Hubert (Pierre), 1902 (Manche) ; M. du Rozier, 1903 (Calvados).
N. 1895. — Calvados.
Par *Harley*, 1/2 s. N., et *Jouvence*, par Lavater, 1/2 s. N.
Sa grand'mère : Deuil, par Normand, 1/2 s. N.
Sa bisaïeule : Harriett, P. S. A., par Charlatan.
Saint-Lô : depuis 1901.

ROSEMONT. — H. N.
B. 1895. — Manche.
Par *Longueville*, 1/2 s. N., et *Norma*, par Bravo, P. S. A.
Sa grand'mère : par Forcy, 1/2 s. N.
Saint-Lô : depuis 1899.

ROSIER. — H. N.
B. 1895. — Manche.

Par *Kronstadt*, 1/2 s. N., et *Lisette*, par Ecueil, 1/2 s. N.

Sa grand'mère : Bijou, par Lucullus, 1/2 s. N.
Sa bisaïeule : par Furibond, 1/2 s. N.

Saint Lô : depuis 1899.

ROSMEUR. — H. N.
B. 1895. — Calvados.

Par *Harley*, 1/2 s. N., et *Frivole*, par Templier, 1/2 s. N.

Sa grand'mère : Roulot, par Léotard, 1/2 s. N.
Sa bisaïeule : N., par Essence, 1/2 s. N.

Saint-Lô : depuis 1899.

ROSNY. — H. N.
Al. 1895. — Orne.

Par *Nabucho*, 1/2 s. N., et *Neigeuse*, par Echo, 1/2 s. N.

Sa grand'mère : par Barrabas, 1/2 s. N.
Sa bisaïeule : par Le Marquis, P. S. A.

Le Pin : 1899-1903. — Réformé le 10 août.

ROSNY (autorisé). — M. Olry (Orne).
Al. 1895. — Normandie.

Par *Fuschia*, 1/2 s. N., et *Libertine*, par Phaéton, 1/2 s. N.

Sa grand'mère : Bécassine, par Niger, 1/2 s. N.
Sa bisaïeule : Belle-de-Jour, par Centaure, 1/2 s. N.
Sa trisaïeule : Belle-de-Jour, par Pledge, 1/2 s. N.
Sa quadrisaïeule : Balbine, par Wanderer, 1/2 s. A.
5e degré : Dame-Charlotte, par Brocardo, P. S. A.
6e degré : N., par Voltaire, 1/2 s. N.

Le Pin : 1900-1904. — Réformé.

ROSPERDEN. — H. N.
N. 1895. — Calvados.

Par *Qui-Vive*, 1/2 s. N. (approuvé), et *Bank-Note*,
par Normand, 1/2 s. N.

Sa grand'mère : Débutante, P. S. A., par Pretty-Boy.

Le Pin : 1899-1903.

Passé le 8 décembre au service de l'Ecole.

ROSSINI. — H. N.

B. 1895. — Orne.

Par *James-Watt*, 1/2 s. N., et *Giselle*, par Edimbourg.

Sa grand'mère : Judith, par Taconnet, 1/2 s. N.
Sa bisaïeule : Rachelle, par Esculape, 1/2 s. N.

Le Pin : depuis 1900.

ROSTHÉNEUF. — H. N.

B. 1895. — Manche.

Par *Fontenay*, 1/2 s. N., et *Mika*, par Géranium, 1/2 s. N.
(approuvé).

Sa grand'mère : par Agnadel, 1/2 s. N.
Sa bisaïeule : N., par Jarnac, 1/2 s. N.
Sa trisaïeule : N., par Ugolin, 1/2 s. N.

Saint-Lô : depuis 1899.

ROSTRUM. — H. N.

B. 1895. — Manche.

Par *Mahé*, 1/2 s. N., et *Camélia*, par Frondeur, 1/2 s. N.

Sa grand'mère : Parfaite, par Régnard, 1/2 s. N.
Sa bisaïeule : par Séduisant, 1/2 s. N.

Saint-Lô : 1899-1905. — Réformé le 1er août.

ROUELLES (autorisé). — M. Goupil-Dubosc (Seine-Inférieure).

B. 1895. — Normandie.

Par *Fuschia*, 1/2 s. N., et *Good-Night*, par Noville, 1/2 s. N.

Le Pin : depuis 1903.

ROUGES-TERRES. — H. N.

Al. 1895. — Orne.

Par *Fuschia*, 1/2 s. N., et *Perce-Neige*, P. S. A., par Cymbal.

Le Pin : depuis 1900.

ROUSTAN (approuvé). — M. Barbé (Manche).

Al. 1885. — France.

Par *Santine*, 1/2 s. N., et *Coquette*, par Roustan, 1/2 s. N.

Sa grand'mère : Cocotte, par Faucon, 1/2 s. N.

Saint-Lô : 1890-1900.

RUTEUR. — H. N.
Bb. 1893. — Manche.
Par *Harley*, 1/2 s. N., et *Brunette*, par Lavater, 1/2 s. N.
Sa grand'mère : Espérance, par The Heir-of-Linne, P. S. A.
Sa bisaïeule : Urseline, par Ursin, 1/2 s. N.
Saint-Lô : depuis 1899.

SAINT-AUBIN. — H. N.
B. 1896. — Orne.
Par *Nabucho*, 1/2 s. N., et *Semiramis*, par Hannon, 1/2 s. N.
Sa grand'mère : par Elu, 1/2 s. N.
Saint-Lô : depuis 1900.

SAINT-FRUSQUIN. — H. N.
B. 1896. — Manche.
Par *Neuilly*, 1/2 s. N., et *Gazelle*, par Lavater, 1/2 s. N.
Sa grand'mère : par Ugolin, 1/2 s. N.
Sa bisaïeule : par The Heir-of-Linne, P. S. A.
Le Pin : depuis 1901.

SAINT-LO. — H. N.
Al. 1896. — Manche.
Par *Marcelet*, 1/2 s. N., et *Levrette*, par Reynolds, 1/2 s. N.
Sa grand'mère : Farceuse, par Lavater, 1/2 s. N.
Sa bisaïeule : Augustine, P. S. A.
Saint-Lô : depuis 1901.

SAINT-RÉMY. — H. N.
B. 1896. — Orne.
Par *Cherbourg*, 1/2 s. N., et *Hypothèse*, par Tigris, 1/2 s. N.
Sa grand'mère : par Conquérant, 1/2 s. N.
Saint-Lô : 1900-1905. — Réformé le 1er août.

SALOMON. — H. N.
B. 1893. — Calvados.
Par *Michigan*, 1/2 s. N., et *Cocote*, par Conquérant, 1/2 s. N.
Sa grand'mère : par Jéricko, 1/2 s. N.
Saint-Lô : depuis 1899.

SALVATOR. — H. N.

B. 1896. — Orne.

Par *Juvigny*, 1/2 s. N., et *Joyeuse*, par Edimbourg, 1/2 s. N.
Sa grand'mère : Bluette, par Usquebac, 1,2 s. N.
Sa bisaïeule : Abrantine, par Abrantès, 1/2 s. N.
Sa trisaïeule : Lisa, par Utrecht, 1/2 s. N.
Sa quadrisaïeule : par Trouville, P. S. A.

Le Pin : depuis 1900.

SAN-FRANCISCO. — H. N.

Bb. 1896. — Manche.

Par *Reynolds*, 1/2 s. N., et *Kiesmy*, par Domino-Noir, 1/2 s. N.
Sa grand'mère : Paquerette, par Conquérant, 1/2 s. N.
Sa bisaïeule : N., par The Heir-of-Linne, P. S. A.

Saint-Lô : 1900-1904. — Réformé le 5 août.

SANS-GÊNE (approuvé).   M. Le Marchand (Manche).

B. 1896. — Orne.

Par *Phaéton*, 1/2 s. N., et *Mandarine*, par Elan, 1/2 s. N.
Sa grand'mère : Impétueuse, par Cherbourg, 1/2 s. N.
Sa bisaïeule : Victorieuse, par Kilomètre, 1/2 s. N.
Sa trisaïeule : Pastourelle, par Esculape, 1/2 s. N.
Sa quadrisaïeule : par Noteur, 1/2 s. N.
5e degré : par Sylvio. P. S. A.

Saint-Lô : depuis 1902.

SANS-PEUR (autorisé). — M. Daval (Seine).

Al. 1896. — France.

Par *Kerisper*, 1/2 s. N., ou *Martial*, 1/2 s. N., et *La Belle*,
par Halévy, 1/2 s. N.

Le Pin : depuis 1905.

SANS-SOUCI (approuvé). — M. Richard (Auguste), 1900;

M. Couetil (Jean), 1903 (Manche).

B. 1896. — Manche.

Par *Ministère*, P. S. A., et *Mignonne*, par Idoménée, 1/2 s. N.
Sa grand'mère : par Jackson, 1/2 s. N.

Saint-Lô : depuis 1900.

SAN-SALVADOR (accepté). — M. Mauger (Célestin) (Manche).

B. 1896. — Manche.

Par *Laiton*, 1/2 s. N.

Saint-Lô : 1900-1902. — Non représenté.

SANS-TERRE. — H. N.

Bb. 1896. — Manche.

Par *Malaga*, 1/2 s. N., et *Normande*, par Fred-Archer, 1/2 s. N.

Sa grand-mère : par Aristocrate, 1/2 s. N..
Sa bisaïeule : par Agenda, 1/2 s. N.

Saint-Lô : 1900-1905. — Réformé le 1er août.

SANTO-PIETRO (approuvé). — M. Josseaume (Manche).

Al. 1896. — Manche.

Par *Nerveux*, 1/2 s. N., et *Orellana*, par Hearty, 1/2 s. N.

Sa grand'mère : Castille, par Bataillon, 1/2 s. N.
Sa bisaïeule : Favie, par Royal, P. S. A.
Sa trisaïeule : par Lucullus, 1/2 s. N.

Saint-Lô : 1900-1903. — Réformé.

SAPAJOU, ex-SAUVE-QUI-PEUT. — H. N.

B. 1896. — Sarthe.

Par *Iambe*, 1/2 s. N., et *Thérésa*, par Usquebac, 1/2 s. N.

Le Pin : depuis 1900.

SATELLITE. — H. N.

Bb. 1896. — Oise.

Par *Fuschia*, 1/2 s. N., et *Ile-de-France*, par Phaéton, 1/2 s. N.

Sa grand'mère : Hermosa, par Noville, 1/2 s. N.
Sa bisaïeule : par Conquérant, 1/2 s. N.

Le Pin : 1900-1905. — Réformé le 1er août.

SATIN-NOIR. — H. N.

N. 1896. — Manche.

Par *Harley*, 1/2 s. N., et *Ninon-de-l'Enclos*, par Fontenay, 1/2 s. N.

Sa grand'mère : Prudente, P. S. A., par le Petit-Caporal.

Saint-Lô : depuis 1901.

SATYRE, ex-SANSONNET. — H. N.

N. 1896. — Orne.

Par *Kiffis*, 1/2 s. N., et *Olympe*, par Krakatoa, P. S. A.

Sa grand'mère : par Valdempierre, 1/2 s. N.

Saint-Lô : 1900-1905. — Réformé le 1er août.

SAULE. — H. N.
B. 1896. — Manche.
Par *Dacapo*, 1/2 s. N., et *Orpheline*, par Gasparin, 1/2 s. N.
Sa grand'mère : Flambeau, par Siroc, 1/2 s. N.

Saint-Lô : depuis 1900.

SAUMON. — H. N.
N. 1896. — Orne.
Par *Hercule-Normand*, 1/2 s. N., et *Nébuleuse*, par Cherbourg,
1/2 s. N.
Sa grand'mère : Hédie, par Un 1/2 s. N.
Sa bisaïeule : Odalisque, par Inkermann, 1/2 s. N.
Sa trisaïeule : par Solide, 1/2 s. N.
Sa quadrisaïeule : par Tipple-Cider, P. S. A.
Le Pin : 1900-1904.
Passé le 31 décembre au service de l'Ecole.

SAUTEUR. — H. N.
B. 1896. — Manche.
Par *Farnèse*, 1/2 s. N., et *Blanc-Pied*, par Vautrain, 1/2 s. N.
Sa grand'mère : Sophie, par Guelfe, 1/2 s. N. (approuvé).
Saint-Lô : depuis 1900.

SAUVEUR. — H. N.
N. 1896. — Orne.
Par *Edimbourg*, 1/2 s. N., et *Thérèse*, par Dictateur, 1/2 s. N.
Sa grand'mère : par Niger, 1/2 s. N.
Saint-Lô : 1900-1903. — Réformé le 10 août.

SAVOYARD. — H. N.
Al. 1896. — Calvados.
Par *Gérardmer*, 1/2 s. N., et *Argencis*, par Elu, 1/2 s. N.
Sa grand'mère : par Nécy ou Irlandais, 1/2 s. N.
Saint-Lô : depuis 1900.

SAXIFRAGE. — H. N.
B. 1896. — Orne.
Par *Fuschia*, 1/2 s. N., et *Kaoline*, par Beaugé, 1/2 s. N.
Sa grand'mère : par Héliotrope, 1/2 s. N.
Saint-Lô : 1900-1903. — Mort le 4 octobre.

SAXON. — H. N.

B. 1896. — Calvados.

Par *Lisieux*, 1/2 s. N., et *Rosette*, par Adjudant, 1/2 s. N.

Sa grand'mère : Julie, par Josaphat, 1/2 s. N.

Saint-Lô : depuis 1900.

SCINTILLANT, ex-SÉDUISANT. — H. N.

N. 1896. — Sarthe.

Par *Juvigny*, 1/2 s. N., et *Kaoline*, par Cicéron II, 1/2 s. N.

Sa grand'mère : Belle-Charlotte, par Phaéton, 1/2 s. N.

Sa bisaïeule : par Abrantès, 1/2 s. N.

Saint-Lô : depuis 1900.

SÉBASTOPOL. — H. N.

B. 1896. — Orne.

Par *Cherbourg*, 1/2 s. N., et *Moskova*, par Fuschia, 1/2 s. N.

Sa grand'mère : Serpolette II, par Serpolet-Bai, 1/2 s. N.

Sa bisaïeule : Victorieuse, par Kilomètre, 1/2 s. N.

Sa trisaïeule : Pastourelle, par Esculape, 1/2 s. N.

Sa quadrisaïeule : par Noteur, 1/2 s. N.

5e degré : par Sylvio, P. S. A.

Le Pin : depuis 1900.

SÉBÉCOURT. — H. N.

B. 1896. — Orne.

Par *Cherbourg*, 1/2 s. N., et *Etoile-Filante*, par Niger, 1/2 s. N.

Sa grand'mère : par Inkermann, 1/2 s. N.

Saint-Lô : depuis 1900.

SECTAIRE. — H. N.

B. 1896. — Calvados.

Par *Michigan*, 1/2 s. N., et *Brinda*, par Coq-à-l'Ane, 1/2 s. N.

Sa grand'mère : par Norfolk-Trotter, 1/2 s. A.

Saint-Lô : depuis 1900.

SÉCULAIRE. — H. N.

Al. 1896. — Manche.

Par *Fontenay*, 1/2 s. N., et *Marquise*, par Saint-Cloud, 1/2 s. N.

Sa grand'mère : Marinette, par Quasi, 1/2 s. N.

Sa bisaïeule : N., par Elu, 1/2 s. N.

Saint-Lô : 1900-1903. — Réformé le 10 août.

SÉDUISANT. — H. N.

B. 1896. — Manche.

Par *Ministère*, P. S. A., et *Poulette*, par Follet, 1/2 s. N.
Sa grand'mère : Castille, par Bravo, P. S. A.
Sa bisaïeule : Lisette, par Rivoli, 1/2 s. N.

Saint-Lô : depuis 1900.

SEIGNEUR. — H. N.

B. 1896. — Manche.

Par *Malaya*, 1/2 s. N., et *Orpheline*, par Orphée, 1/2 s. N.
Sa grand'mère : Quid-Juris, par Quid-Juris, P. S. A.
Sa bisaïeule : Bijou, par Navigateur, 1/2 s. N.
Sa trisaïeule : N., par Karbout, 1/2 s. N.

Saint-Lô : 1900-1904. — Réformé le 5 août.

SEIGNEUR-NOIR. — H. N.

N. 1896. — Manche.

Par *Harley*, 1/2 s. N., et *Jarotte*, par Lavater, 1/2 s. N.
Sa grand'mère : Étincelle, par Garibaldi, 1/2 s. N.

Le Pin : depuis 1901.

SÉLECT. — H. N.

B. 1896. — Manche.

Par *Nerveux*, 1/2 s. N., et *Frédégonde*, par Bataillon, 1/2 s. N.
Sa grand'mère : Rosette, par Divus, 1/2 s. N.
Sa bisaïeule : N., par Lagopède, 1/2 s. N.

Saint-Lô : depuis 1900.

SÉLIM. — H. N.

N. 1896. — Orne.

Par *Edimbourg*, 1/2 s. N., et *Conférence*, par Usquebac, 1/2 s. N.
Sa grand'mère : par Noteur, 1/2 s. N.
Saint-Lô : 1900-1905. — Réformé le 1er août.

SENAILLAC. — H. N.

Al. 1896. — Orne.

Par *Moonlighter*, 1/2 s. N. (approuvé), et *Gavotte*, par Edimbourg,
1/2 s. N.
Sa grand'mère : Eurydice, par Phaéton, 1/2 s. N.
Sa bisaïeule : Coquette, par Coleraine, 1/2 s. A.
Sa trisaïeule : par Impérial, 1/2 s. N.

Le Pin : 1900-1903. — Réformé le 10 août.

SÉNATEUR (approuvé). — M. Guillerme (Manche).
Bb. 1896. — Manche.
Par *Harley*, 1/2 s. N., et *Gloriette*, par Télémaque, 1/2 s. N.
Sa grand'mère : Mignonne, par Kapiral, 1/2 s. N.
Saint-Lô : depuis 1902.

SENLIS (approuvé). — M. Olry (Orne).
B. 1896. — Orne.
Par *Fuschia*, 1/2 s. N., et *Camelia*, par Barrabas, 1/2 s. N.
ou Sir-Quid-Pigtail. P. S. A.

Sa grand'mère : Cérès, par Grimesnil, 1/2 s. N.
Sa bisaïeule : N., par Palanquin, 1/2 s. N.
Sa trisaïeule : N., par Centaure, 1/2 s. N.
Sa quadrisaïeule : N., par Valdemar, 1/2 s. N.
5e degré : N., par Kramer, 1/2 s. N.
Le Pin : depuis 1901.

SEPTIDI. — H. N.
B. 1896. — Orne.
Par *Cherbourg*, 1/2 s. N., et *Glorieuse*, par Séducteur, 1/2 s. **N.**

Sa grand'mère : Ecolière, par Extase, 1/2 s. N.
Sa bisaïeule : Thereza, par Destin, 1/2 s. N.
Sa trisaïeule : Brillante, par Jéricko, 1/2 s. N.
Sa quadrisaïeule : Ida II. par William, P. S. A.
5e degré : Ida Ier, par Basly, 1/2 s. N.
6e degré : par Impérieux, 1/2 s. N.
7e degré : par Ardrossan, 1/2 s. A.
8e degré : par Snaïl, P. S. A.
9e degré : par Séduisant, 1/2 s. N.
10e degré : par Alérion, 1/2 s. N.
11e degré : par Parfait, 1/2 s. N.
Le Pin : depuis 1900.

SERGE (approuvé). — M. Trochon (Manche).
Al. 1896. — Manche.
Par *Jouvenceau*, 1/2 s. N., et *Javotte*, par Austral, 1/2 s. N.
Sa grand'mère : par Robert, 1/2 s. N. (approuvé).
Saint-Lô : 1900-1903. — Réformé.

SERPENT. — H. N.
B. 1896. — Manche.
Par *Follet*, 1/2 s. N., et *Rapide*, par Eclipse, 1/2 s. N. (approuvé).
Sa grand'mère : par Sanguin. 1/2 s. N.
Saint-Lô : depuis 1900.

SERPOLET. — H. N.

N. 1896. — Calvados.

Par *Lucifer*, 1/2 s. N., et *Olga*, par Jemmapes ou James, 1/2 s. N.

Saint-Lô : depuis 1900.

SERVITEUR. — H. N.

B. 1896. — Orne.

Par *Juvigny*, 1/2 s. N., et *Minerve*, par Edimbourg, 1/2 s. N.

Sa grand'mère : Escapade, par Quiclet, 1/2 s. N.
Sa bisaïeule : Vedette, par Koping, 1/2 s. N.
Sa trisaïeule : par Thésée, 1/2 s. N.
Sa quadrisaïeule : par William, P. S. A.
5e degré : par Héraclius, 1/2 s. N.
6e degré : par Sylvio, P. S. A.

Le Pin : 1900-1903.
Passé le 12 décembre au service de l'Ecole.

SICAMBRE, ex-**SATIN**. — H. N.

B. 1896. — Manche.

Par *Mahé*, 1/2 s. N., et *Royale*, par Fournichon, 1/2 s. N

Sa grand'mère : Coquette, par Ignoré, 1/2 s. N.
Sa bisaïeule : N., par Pater, 1/2 s. N.
Sa trisaïeule : N., par Lagopède, 1/2 s. N.

Saint-Lô : depuis 1900.

SIDNEY. — H. N.

N. 1896. — Orne.

Par *Cherbourg*, 1/2 s. N., et *Etoile*, par Phaéton, 1/2 s. N.

Sa grand'mère : par Utrecht, 1/2 s. N.

Saint-Lô : depuis 1900.

SIGEAN (approuvé). — M. Lebel (Louis) (Manche).

B. 1896. — Calvados.

Par *Joinville II*, 1/2 s. N., et *Ragot*, par Quineris, 1/2 s. N.

Sa grand'mère : par Brochet, 1/2 s. N.

Saint-Lô : depuis 1900.

SIGNOR. — H. N.
Bb. 1896. — Orne.

Par *Cherbourg*, 1/2 s. N., et *Kina*, par Elan, 1/2 s. N.
Sa grand'mère : Farandole, par Phaéton, 1/2 s. N.
Sa bisaïeule : Conquête, par Conquérant, 1/2 s. N.
Sa trisaïeule : Mazurka, par Inkermann, 1/2 s. N.
Sa quadrisaïeule : Cocotte, par Noteur, 1/2 s. N.
5e degré : Cocotte, par Rémus, 1/2 s. N.

Le Pin : depuis 1900.

SIMART. — H. N.
B. 1896. — Orne.

Par *Cherbourg*, 1/2 s. N., et *Kadéja*, par Elan, 1/2 s. N.
Sa grand'mère : par Phaéton, 1/2 s. N.

Saint-Lô : 1900-1902. — Réformé le 17 décembre.

SIMÉON. — H. N.
B. 1896. — Calvados.

Par *Luron*, 1/2 s. N., et *Volante*, par Tudieu, 1/2 s. N.
Sa grand'mère : par Quine, 1/2 s. N. (approuvé).

Le Pin : depuis 1900.

SINCÉRITY. — H. N.
B. 1896. — Manche.

Par *Colporteur*, 1/2 s. N., et *Sans-Tache*, par Gibraltar, 1/2 s. N.
Sa grand'mère : Bijou, par Quasi, 1/2 s. N.

Saint-Lô : depuis 1900.

SIZO-FIN. — H. N.
B. 1896. — Calvados.

Par *Monsieur-de-Fontaine-Henry*, 1/2 s. N., et *Espérance*,
par Léotard, 1/2 s. N.
Sa grandmère : Roulot, par Jean-Bart, 1/2 s. N.
Sa bisaïeule : Utile, par Sancho, 1/2 s. N. (approuvé).

Saint-Lô : 1900-1903. — Réformé le 10 août.

SMART, ex-SÉES. — H. N.
B. 1896. — Orne.

Par *Iambe*, 1/2 s. N., et *Cornélie*, par Usquebac, 1/2 s. N.
Sa grand'mère : Georgette, par Quiclet, 1/2 s. N.
Sa bisaïeule : Espérance, par Lucain, 1/2 s. N.
Sa trisaïeule : Delphine, par William, P. S. A.
Sa quadrisaïeule : L'Héraclius, par Héraclius, 1/2 s. N.

Le Pin : depuis 1900.

SMERDIS. — H. N.
Al. 1896. — Calvados.
Par *Kamtchatka*, 1/2 s. N., et *Reblot*, par Héritier, 1/2 s. N.
Sa grand'mère : Rapide, par Noyau, 1/2 s. N.
Saint-Lô : depuis 1900.

SMITH. — H. N.
Bb. 1896. — Manche.
Par *Excelsior*, 1/2 s. A., et *Bergère*, par Macouba, 1/2 s. N.
Sa grand'mère : par Hunter, 1/2 s. N.
Le Pin : depuis 1900.

SOCIÉTAIRE. — H. N.
N. 1896. — Manche.
Par *Harley*, 1/2 s. N., et *La Zélée*, par Ugolin, 1/2 s. N.
Sa grand'mère : La Zélée, P. S. A., par Allez-Y-Gaiment.
Saint-Lô : depuis 1900.

SOLDAT. — H. N.
N. 1896. — Calvados.
Par *Jemmapes*, 1/2 s. N., et *Kadischah*, par Kaolin, P. S. A.
Sa grand'mère : par Ovide, 1/2 s. N.
Saint-Lô : 1900-1905. — Réformé le 1er août.

SOLFERINO. — H. N.
B. 1896. — Orne.
Par *Levraut*, 1/2 s. N., et *Impétueuse*, par Cherbourg, 1/2 s. N.

Sa grand'mère : Victorieuse, par Kilomètre, 1/2 s. N.
Sa bisaïeule : Pastourelle, par Esculape, 1/2 s. N.
Sa trisaïeule : par Noteur, 1/2 s. N.
Sa quadrisaïeule : par Sylvio, P. S. A.

Saint-Lô : depuis 1900.

SOLITAIRE. — H. N.
B. 1896. — Orne.
Par *Nez*, 1/2 s. N., et *Violette*, par Cherbourg, 1/2 s. N.
Sa grand'mère : par Parthenon, 1/2 s. N.
Saint-Lô : depuis 1901.

SOLITAIRE. — H. N.
B. 1896 — Orne.
Par *James-Watt*, 1/2 s. N. et *Coranthine*, par Quiclet, 1/2 s. N.
Sa grand'mère : Cora, par Inkermann, 1/2 s. N.
Sa bisaïeule : par Montaigne, 1/2 s. N.
Saint-Lô : 1900-1902. — Réformé le 17 décembre.

SOLO (approuvé). — M. de Saint-Alary (Calvados).
Bb. 1896. — Normandie.
Par *James-Watt*, 1/2 s. N., et *Minerve*, par Serpolet-Bai, 1/2 s. N.
Sa grand'mère : Pégriote, par Elu, 1/2 s. N.
Sa bisaïeule : Frétillon, par Solide, 1/2 s. N
Sa trisaïeule : Pégriote, par Eylau, P. S. A.-Ar.
Sa quadrisaïeule : jument arabe.
Le Pin : 1900-1903. — Réformé en 1904.

SONNET. — H. N.
N. 1896. — Manche.
Par *Colporteur*, 1/2 s. N., et *Coquette*, par Ignoré, 1/2 s. N.
Sa grand'mère : par Pater, 1/2 s. N.
Sa bisaïeule : par Lagopède, 1/2 s. N.
Saint-Lô : 1900-1905. — Réformé le 1er août.

SORCIER. — H. N.
B. 1896. — Orne.
Par *Cherbourg*, 1/2 s. N., et *Sibylle*, P. S. A., par Farfadet.
Le Pin : depuis 1900.

SOSIGÈNE (approuvé). — M. Lepileur (Manche).
B. 1896. — Manche.
Par *Nemours*, 1/2 s. N., et *Normande*, par Farnèse, 1/2 s. N.
Sa grand'mère : par Lansborn, 1/2 s. N.
Saint-Lô : 1900-1904. — Non représenté.

SOT-L'Y-LAISSE. — H. N.
B. 1896. — Manche.
Par *Message*, 1/2 s. N., et *Rapide*, par Courtomer, 1/2 s. N.
Sa grand'mère : Lisa, par Sénéchal, 1/2 s. N.
Sa bisaïeule : Lapetite, par Mirliton, 1/2 s. N.
Sa trisaïeule : Bravote, par Bravo, P. S. A.
Saint-Lô : depuis 1900.

SOUCI. — H. N.

B. 1896. — Orne.

Par *Cherbourg*, 1/2 s. N., et *Ma Cousine*, par Kaolin, P. S. A.
Sa grand'mère : Isabelle, par Liberator, 1/2 s. A.
Sa bisaïeule : par Séducteur, 1/2 s. N.

Le Pin : 1900-1902.

Passé le 22 août au service de l'Ecole.

SOUPIREUR, ex-SOUTHAMPTON. — H. N.

B. 1896. — Manche.

Par *Malaga*, 1/2 s. N., et *Lutine*, par Colporteur, 1/2 s. N.
Sa grand'mère : par Lavater, 1/2 s. N.
Sa bisaïeule : par Normand, 1/2 s. N.
Sa trisaïeule : par The Heir-of-Linne, P. S. A.

Le Pin : depuis 1900.

SOUS-BOIS, ex-SALADIN. — H. N.

B. 1896. — Manche.

Par *Ministère*, P. S. A., et *Coquette*, par Spectre, 1/2 s. N.
Sa grand'mère : Fathma, par El Ghôr, P. S. Ar.
Sa bisaïeule : N., par Agenda, 1/2 s. N.
Sa trisaïeule : N., par Victorieux, 1/2 s. N.

Saint-Lô : depuis 1900.

SOUVENEZ-VOUS, ex-SOLIDE. — H. N.

B. 1896. — Manche.

Par *Follet*, 1/2 s. N., et *Barbotte*, par Usellas, 1/2 s. N.

Le Pin : depuis 1900.

SOUVENIR. — H. N.

B. 1896. — Orne.

Par *Fuschia*, 1/2 s. N., et *Prudente*, par Carnaval, 1/2 s. N.
Sa grand'mère : Georgina, par Trouville, 1/2 s. N.
Sa bisaïeule : Azurine, par Séducteur, 1/2 s. N.
Sa trisaïeule : Aï, 1/2 s. N.

Le Pin : depuis 1900.

SOUVERAIN. — H. N.

Bb. 1896. — Manche.

Par *Kioto*, 1/2 s. N., et *Castille*, par Utrecht, 1/2 s. N.
Sa grand'mère : Mouvette, par Paladin, P. S. A. (approuvé).
Sa bisaïeule : fille de Beaumanoir, 1/2 s. N. (approuvé).

Saint-Lô : depuis 1900.

SPADASSIN, ex-SOLIMAN. — H. N.
Al. 1896. — Orne.
Par *James-Watt*, 1/2 s. N., et *Miss-Cherbourg*, par Cherbourg,
1/2 s. N.
Sa grand'mère : Jessie, par Vichnou, P. S. A.
Sa bisaïeule : Iris, par Phaéton, 1/2 s. N.
Sa trisaïeule : par Urus, 1/2 s. N.
Sa quadrisaïeule : par Adolphus, P. S. A.
Le Pin : depuis 1900.

SPAHI, ex-SOLON. — H. N.
B. 1896. — Manche.
Par *Kronstadt*, 1/2 s. N., et *Nomade*, par Bataillon, 1/2 s. N.
Sa grand'mère : Martine, par Domino-Noir, 1/2 s. N.
Sa bisaïeule : Fernande, par Kabin, 1/2 s. N.
Sa trisaïeule : par Sans-Gêne, 1/2 s. N.
Sa quadrisaïeule : par Paternel, 1/2 s. N.
5e degré : par Sir-Henry, 1/2 s. N.
Saint-Lô : depuis 1900.

SPARAXIS. — H. N.
B. 1896. — Orne.
Par *Krakatoa*, P. S. A., et *Rosamonde*, par Quiclet, 1/2 s. N.
Sa grand'mère : par Fitz-Pantaloon, P. S. A.
Saint-Lô : depuis 1900.

STEUBEN. — H. N.
Al. 1896. — Manche.
Par *Mahé*, 1/2 s. N., et *La Pelote*, par Café, 1/2 s. N.
Sa grand'mère : Castille, par Villiers, 1/2 s. N. (approuvé).
Sa bisaïeule : N., par Lothaire, 1/2 s. N. (approuvé).
Saint-Lô : depuis 1900.

STOP (approuvé), — M. Lereculey.
Bb. 1896. — France.
Par *Kamtchatka*, 1/2 s. N., et N., par *Décret*, 1/2 s. N.
Saint-Lô : 1900-1901. — Vendu après la monte.

STORS. — H. N.
N.-1896. — Orne.
Par *James-Watt*, 1/2 s. N., et *Palmyre*, par Jadis, 1/2 s. N.
Sa grand'mère : Lisette, par Urimesnil, 1/2 s. N.
Sa bisaïeule : par Buci, 1/2 s. N.
Saint-Lô : depuis 1900.

STRASBOURG. — H. N.
B. 1896. — Orne.
Par *Cherbourg*, 1/2 s. N., et *Formosa*, par Niger. 1/2 s. N.
Sa grand'mère : par Gaulois, 1/2 s. N.
Saint-Lô : 1900-1903. — Réformé le 10 août.

STROGOFF (approuvé).
M. Lenoir (Manche).
Al. 1896. — France.
Par *Hérode*, 1/2 s. N., et N., par *Shamrock*, 1/2 s. A.
Saint-Lô : 1901. — Non représenté.

STUART. — H. N.
B. 1896. — Orne.
Par *Juvigny*, 1/2 s. N., et *Nomade*, par Fuschia, 1/2 s. N.
Sa grand'mère : Fleurette, par Parthenon, 1/2 s. N.
Sa bisaïeule : par Phaéton, 1/2 s. N.

Saint-Lô : depuis 1900.

STYX, ex-**SANS-GÊNE**. — H. N.
Al. 1896. — Manche.
Par *Guerroyeur*, 1/2 s. N., et *Perdrix*, par Harfleur, 1/2 s. N.
Sa grand'mère : par Kapirat, 1/2 s. N. (approuvé).
Sa bisaïeule : par Georgey, 1/2 s. N. (approuvé).
Saint-Lô : depuis 1900.

SUBSTITUT. — H. N.
B. 1896. — Manche.
Par *Kellermann*, 1/2 s. N., et *Cocotte*, par Hardinvast, 1/2 s. N.
Sa grand'mère : par Orphée, 1/2 s. N.
Saint-Lô : 1900-1902. — Réformé le 11 août.

SULTAN. — H. N.
N. 1896. — Sarthe.
Par *Juvigny*, 1/2 s. N., et *Merise*, par Boissy, P. S. A.
Sa grand'mère : Espérance, par Abrantès, 1/2 s. N.
Sa bisaïeule : par Destin, 1/2 s. N.
Saint-Lô : depuis 1900.

SUMAC (approuvé). — M. Josseaume (Manche).

Bb. 1896. — Orne.

Par *Hercule-Normand*, 1/2 s. N., et *Capucine*, par Phaéton,
1/2 s. N.

Sa grand'mère : Paquerette, par Quiclet, 1/2 s. N.
Sa bisaïeule : par Noteur, 1/2 s. N.
Sa trisaïeule : par Courtisan, 1/2 s. N.
Sa quadrisaïeule : par Merlerault, 1/2 s. N.
5e degré : par Eylau, P. S. A.-Ar.

Saint-Lô : depuis 1903.

SUPERBE, ex-**ARLEQUIN**. — H. N.

B. 1896. — Orne.

Par *Iambe*, 1/2 s. N., et *Noiselle*, par Cambronne, 1/2 s. N.

Sa grand'mère : Trompeuse, par Parthénon, 1/2 s. N.
Sa bisaïeule : par Hannon, 1/2 s. N.

Saint-Lô : depuis 1900.

SUPPÉ. — H. N.

B. 1896. — Manche.

Par *Malaga*, 1/2 s. N., et *Triomphante*, par Fontenay, 1/2 s. N.

Sa grand'mère : Guirlande, par Y, 1/2 s. N.
Sa bisaïeule : N., par Thésée, 1/2 s. N.
Sa trisaïeule : N., par Chesterfield junior, P. S. A.

Saint-Lô : 1900-1902. — Réformé le 11 août.

SURDON. — H. N.

Bb. 1896. — Orne.

Par *Edimbourg*, 1/2 s. N., et *Odéide*, par Ilote, 1/2 s. N.

Sa grand'mère : par Quiclet, 1/2 s. N.

Saint-Lô : depuis 1900.

SYRATA. — H. N.

Bb. 1896. — Seine-Inférieure.

Par *Jaguar III*, 1/2 s. N., et *Risette*, par Bayard, 1/2 s. N.

Sa grand'mère : une jument anglaise de 1/2 sang.

Le Pin : 1902-1904. — Réformé le 3 août.

SYSTÈME (approuvé). — M. Girouard (Victor).
B. 1896. — Manche.
Par *Nemours*, 1/2 s. N., et *Bohémienne*, par Invariable, 1/2 s. N.
Sa grand'mère : Petticoat, P. S. A., par Gemma-di-Vergy.
Saint-Lô : 1900-1905. — Réformé.

TABLEAU. — H. N.
N. 1897. — Manche.
Par *Malaga*, 1/2 s. N., et *Régine*, par Lavater, 1/2 s. N.
Sa grand'mère : Marguerite, P. S. A.
Saint-Lô : depuis 1901.

TAFFETAS-NOIR, ex-**TROUVÈRE**. — H. N.
Bb. 1897. — Orne.
Par *Juvigny*, 1/2 s. N., et *Nacelle*, par Fuschia, 1/2 s. N.
Sa grand'mère : Jacinthe, par Phaéton, 1/2 s. N.
Sa bisaïeule : par Niger, 1/2 s. N.

Saint-Lô : depuis 1901.

TAILLEBOURG. — H. N.
Al. 1897. — Manche.
Par *Oudinot*, 1/2 s. N., et *Martaine*, par Sorcier, 1/2 s. N.
Sa grand'mère : par Sénéchal, 1/2 s. N.
Sa bisaïeule : par Volant, 1/2 s. N.

Le Pin : depuis 1901.

TALISMAN. — H. N.
N. 1897. — Manche.
Par *Fontenay*, 1/2 s. N., et *Belle-de-Nuit*, par Ribaud, 1/2 s. N.
Sa grand'mère : Belle-de-Nuit, par Gotha, 1/2 s. N.
Sa bisaïeule : par Navigateur, 1/2 s. N.
Sa trisaïeule : par Editeur, 1/2 s. N.

Saint-Lô : 1901-1902. — Réformé le 11 août.

TALLION. — H. N.
B. 1897. — Manche.
Par *Laurier*, 1/2 s. N., et *Rosette*, par Farnèse, 1/2 s. N.
Sa grand'mère : Margot, par Quatre-Cents, 1/2 s N.
Saint-Lô : depuis 1901.

TALMA, ex-**TYNDARE**. — H. N.
B. 1897. — Manche.
Par *Kronstadt*, 1/2 s. N., et *Occitanie*, par Ray-Grass, 1/2 s. N.

Sa grand'mère : Junon, par Innocent, P. S. A.
Sa bisaïeule : Silvia, par Séducteur, 1/2 s. N.
Sa trisaïeule : N., par Thésée, 1/2 s. N.
Saint-Lô : 1901. — Mort le 15 mars 1902 sans avoir fait la monte.

TALMUD, ex-**TAMBOUR-MAJOR**. — H. N.
Bb. 1897. — Calvados.
Par *Edimbourg*, 1/2 s. N., et *Orientale* par Tigris, 1/2 s. N.
Sa grand'mère : Coquette, par Rénémesnil, 1/2 s. N.
Saint-Lô : depuis 1901.

TAMARIN. — H. N.
B. 1897. —Manche.
Par *Osborne*, 1/2 s. N., et *Belle-de-Nuit*, par Bataillon, 1/2 s. N.

Sa grand'mère : Catin, par Intact, 1/2 s. N.
Sa bisaïeule : par Sir-Henry, 1/2 s. N.
Saint-Lô : depuis 1901.

TAMBOUR (approuvé). — M. Lebeurrier, 1901 ;
M. Massé (François), 1905 (Manche).
Al. 1897. — Calvados.
Par *Nogaro*, 1/2 s. N., et *Patina*, par Kamtchatka, 1/2 s. N.

Sa grand'mère : Frivole, par Templier, 1/2 s. N.
Sa bisaïeule : par Léotard, 1/2 s. N.
Sa trisaïeule : par Essence, 1/2 s. N.
Saint-Lô : depuis 1901.

TAMBOUR (accepté). — Leriche (Louis) (Manche).
B. 1897. — Manche.
Par *Laiton*, 1/2 s. N.
Saint-Lô : depuis 1903.

TAMBOUR-BATTANT. — H. N.
B. 1897. — Manche.
Par *Levraut*, 1/2 s. N., et *Lavater*, par Lavater, 1/2 s. N.
Sa grand'mère : Rosette, par Nanteuil, 1/2 s. N.
Saint-Lô : depuis 1901.

TAMERLAN. — H. N.

N. 1897. — Calvados.

Par *James-Watt*, 1/2 s. N., et *Pastille*, par Qui-Vive, 1/2 s. **N.**
(approuvé).

Sa grand'mère : Walinda, par Normand, 1/2 s. N.
Sa bisaïeule : par Noteur, 1/2 s. N.

Saint-Lô : depuis 1901.

TANT-MIEUX. — H. N.

B. 1897. — Orne.

Par *Narcisse*, 1/2 s. N., et *Kamala*, par Beaugé, 1/2 s. N.
Sa grand'mère : Balsamine, par Saint-Rigomer, 1/2 s. N.
Sa bisaïeule : Clarinette, par Héliotrope, 1/2 s. N.
Sa trisaïeule : par Elu, 1/2 s. N.
Sa quadrisaïeule : par Séducteur, 1/2 s. N.
5e degré : par Prince, 1/2 s. N.
6e degré : par Mastrillo, P. S. A.

Le Pin : depuis 1903.

TANT-MIEUX (accepté). — M. Typhaigne (Manche).

B. 1897. — Manche.

Par *Echec*, 1/2 s. N., et *Mignonne*, par Usellas, 1/2 s. N.
Sa grand'mère : Lisette, par Invariable, 1/2 s. N.
Sa bisaïeule : Mignonne, par Régulier, 1/2 s. N. (approuvé).

Saint-Lô : depuis 1901.

TANT-PIS. — H. N.

Bb. 1897. — Orne.

Par *Narcisse*, 1/2 s. N., et *Ondoyante*, par Fuschia, 1/2 s. N.
Sa grand'mère : par Parthénon, 1/2 s. N.

Saint-Lô : depuis 1901.

TAPISSIER. — H. N.

B. 1897. — Manche.

Par *Fontenay*, 1/2 s. N., et *Coquette*, par Attila, 1/2 s. N.
Sa grand'mère : par Newton, 1/2 s. N.
Sa bisaïeule : par Pretty-Boy, P. S. A.

Le Pin : 1901-1902. — Réintégré en 1904. — Réformé le 3 août.

TARATATA. — H. N.

Al. 1897. — Manche.

Par *Mahé*, 1/2 s. N., et *Kabyle*, par Café, 1/2 s. N.
Sa grand'mère : Chérie, par L'Incroyable, P. S. A.

Saint-Lô : depuis 1901.

TAS. — H. N.
B. 1897. — Calvados.

Par *Orient*, 1/2 s. N., et *Petite*, par Jolibois, 1/2 s. N.

Sa grand'mère : Lavater, par Lavater, 1/2 s. N.
Sa bisaïeule : The Heir-of-Line, par The Heir-of-Linne, P. S. A.
Sa trisaïeule : N., par Hautain, 1/2 s. N.

Saint-Lô : 1901-1903. — Mort le 26 janvier 1904.

TASMAN. — H. N.
B. 1897. — Orne.

Par *Novice*, 1/2 s. N., et *Gazelle*, par Cambronne, 1/2 s. N.

Sa grand'mère : par Elu, 1/2 s. N.

Saint-Lô : 1901-1903. — Réformé le 10 août.

TATILLON, ex-TIC-TAC. — H. N.
B. 1897. — Sarthe.

Par *Iambe*, 1/2 s. N., et *Paquerette*, par Cicéron II, 1/2 s. N.

Sa grand'mère : Libellule, par Phaéton, 1/2 s. N.
Sa bisaïeule : Camélia, P. S. A.

Saint-Lô : depuis 1901.

TAVERNY. — H. N.
Al. 1897. — Orne.

Par *Fuschia*, 1/2 s. N., et *Gambade*, par Phaéton, 1/2 s. N.

Sa grand'mère : par Eclipse, 1/2 s. N.

Saint-Lô : depuis 1901.

TÉLÉMAQUE (accepté). — M. Fautrat (Manche).
B. 1897. — Manche.

Par *Malaga*, 1/2 s. N., et *Minuit*, par Tempête, 1/2 s. N.

Sa grand'mère : Eclatante, par Lavater, 1/2 s. N.
Sa bisaïeule : par The Heir-of-Line, P. S. A.

Saint-Lô : 1901-1902. — Réformé.

TÉLÉPHONE. — H. N.
B. 1897. — Orne.

Par *Nabab*, 1/2 s. N., et *Mimosa*, par Juin, 1/2 s. N.

Sa grand'mère : par Législateur, 1/2 s. N.

Le Pin : 1901-1902. — Réintégré en 1904.

TEMPÊTE. — H. N.

B. 1897. — Orne.

Par *Narcisse*, 1/2 s. N., et *Parure*, par Fuschia, 1/2 s. N.
Sa grand'mère : Florence, par Quiclet, 1/2 s. N.
Sa bisaïeule : Fulla, par Abrantès, 1/2 s. N.
Sa trisaïeule : Séduisante, par Elu, 1/2 s. N.
Sa quadrisaïeule : Florentine, par Valdemar, 1/2 s. N.
5e degré : par Chasseur, 1/2 s. N.

Le Pin : depuis 1901.

TERMINUS. — H. N.

Bb. 1897. — Manche.

Par *Harley*, 1/2 s. N., et *Ordonnance*, par Reynolds, 1/2 s. N.
Sa grand'mère : Italie, par Idoménée ou Lavater, 1/2 s. N.
Sa bisaïeule : Impériale, par Gabier, P. S. A.
Sa trisaïeule : Florence, par Hussein, 1/2 s. N.
Sa quadrisaïeule : N., par Ugolin, 1/2 s. N.
5e degré : N., par Electeur, 1/2 s. N.

Saint-Lô : depuis 1901.

TERRIBLE, ex-TEMPÊTE. — H. N.

B. 1897. — Orne.

Par *Opulent*, 1/2 s. N., et *Black-Bess*, par Alaric, 1/2 s. N.
Sa grand'mère : par Hannon, 1/2 s. N.
Saint-Lô : 1901-1905. — Réformé le 1er août.

THABOR. — H. N.

B. 1897. — Orne.

Par *Nez*, 1/2 s. N., et *Navette*, par Hearty, 1/2 s. N.
Sa grand'mère : par Calament, 1/2 s. N.
Saint-Lô : depuis 1901.

THÉ. — H. N.

Bb. 1897. — Orne.

Par *Nez*, 1/2 s. N., et *Flanelle*, par Valdempierre, 1/2 s. N.
Sa grand'mère : par Taconnet, 1/2 s. N.
Saint-Lô : depuis 1901.

THERMIDOR. — H. N.

B. 1897. — Orne.

Par *James-Watt*, 1/2 s. N., et *Norma*, par Iambe, 1/2 s. N.
Sa grand'mère : Centaurine, par Centaure, 1/2 s. N.
Sa bisaïeule : par Héliotrope, 1/2 s. N.
Saint-Lô : depuis 1901.

THUMBERGIA (approuvé). — M. Gosselin, 1902 ;
M. Lepileur, 1904 (Manche).
Bb. 1897. — Manche.
Par *Narquois*, 1/2 s. N., et *Aubertine*, par Reynolds, 1/2 s. N
Sa grand'mère : par Ugolin, 1/2 s. N.
Sa bisaïeule : Letitia, par Sympathie, P. S. A
Saint-Lô : depuis 1902.

TIGRE, ex **TONNERRE**. — H. N.
B. 1897. — Orne.
Par *Novice*, 1/2 s. N., et *Nice*, par Havas, 1/2 s. N.
Sa grand'mère : par Parthénon, 1/2 s. N.
Saint-Lô : depuis 1901.

TIMBRE-POSTE (approuvé). — M. Maraine (Seine-Inférieure).
B. 1897. — Normandie.
Par *Fuschia*, 1/2 s. N., et *Kelly*, par Hippomène, 1/2 s. M.
ou Upas, 1/2 s. N.
Le Pin : 1902. — Passé dans la circonscription de Compiègne en 1903.

TISON (approuvé). — M. Leroy (Manche).
Bb. 1890. — Manche.
Par *Alsacien*, 1/2 s. N., et *Margot*, par Quatre-Cents, 1/2 s. N.
Sa grand'mère : par Forey, 1/2 s. N.
Saint-Lô : depuis 1894.

TITE-LIVE (approuvé). — M. Fanet (Calvados).
N. 1897. — France.
Par *Limier*, 1/2 s. N., et *N.*, par Colporteur, 1/2 s. N.
Saint-Lô : 1901. — Castré.

TITI (approuvé). — M. Richard (Jean) (Manche).
Al. 1897. — France.
Par *Oudinot*, 1/2 s. N., et *Briante*, par Torigny, 1/2 s. N.
Sa grand-mère : par Kilogramme, 1/2 s. N. (approuvé).
Sa bisaïeule : par Pimlico, 1/2 s. A.
Saint-Lô : depuis 1901.

TITUS. — H. N.
Bb. 1897. — Calvados.
Par *Edimbourg*, 1/2 s. N., et *Basquine*, par Stade, 1/2 s. N.
Sa grand'mère : par Ulbach, 1/2 s. N.
Saint-Lô : depuis 1901.

TOBOLSK. — H. N.
B. 1897. — Manche.
Par *Labrador*, 1/2 s. N., et *Poulette*, par Fontainebleau, 1/2 s. N.
Sa grand'mère : par Garde-à-Vous, 1/2 s. N.
Le Pin : depuis 1901.

TOLBIAC (approuvé). — M. Lenoir (Alph.) (Manche).
B. 1897. — Manche.
Par *Hérode*, 1/2 s. N., et *Old-Stick*, par Saint-Melaine, 1/2 s. N.
Sa grand'mère : Catapultcuse, par Shamrock, 1/2 s. A.
Sa bisaïeule : par Garibaldi, 1/2 s. N.
Saint-Lô : depuis 1903.

TOMBOLA. — H. N.
B. 1897. — Orne.
Par *Offenbach*, 1/2 s. N., et *Citoyenne*, par Oriental, 1/2 s. N.
Sa grand'mère : par Wanderer, 1/2 s. A.
Saint-Lô : depuis 1901.

TORÉADOR. — H. N.
B. 1897. — Orne.
Par *Oscar*, 1/2 s. N., et *Mon-Espérance*, par Cherbourg, 1/2 s. N.
Sa grand'mère : par Courtois ou Sir-Quid-Pigtail, P. S. A.
Saint-Lô : 1901. — Réformé le 16 décembre.

TORPILLEUR. — H. N.
B. 1897. — Calvados.
Par *Oranger*, 1/2 s. N., et *Joconde*, par Tigris, 1/2 s. N.
Sa grand'mère : Alerte, par Affidavit, P. S. A.
Sa bisaïeule : par Conquérant, 1/2 s. N.
Saint-Lô : depuis 1901.

TOUAREG. — H. N.
N. 1897. — Orne.
Par *Juvigny*, 1/2 s. N., et *Renommée*, par Tigris, 1/2 s. N.
Sa grand'mère : Inspiration, par Noville ou Quinola, 1/2 s. N.
Sa bisaïeule : Royale-Topaze, P. S. A.
Saint-Lô : depuis 1901.

TOUCHEUR, ex-TETANOS. — H. N.
B. 1897. — Manche.
Par *Jolibois*, 1/2 s. N., et *Normande*, par Utrecht, 1/2 s. N.
Sa grand'mère : Castille, par Quickly, 1/2 s. N.
Sa bisaïeule : par Kapiral, 1/2 s. N.
Saint-Lô : depuis 1901.

TOUQUES. — H. N.
B. 1897. — Calvados.
Par *Lysander-Pilot*, 1/2 s., et *Ecossaise*, par Normand, 1/2 s. N.
Sa grand'mère : Pichenette, par Conquérant, 1/2 s. N.
Saint-Lô : depuis 1901.

TOURBILLON. — H. N.
B. 1897. — Orne.
Par *Narquois*, 1/2 s. N., et *Gérance*, par Phaéton, 1/2 s. N.
Sa grand'mère : Glorieuse, par Séducteur, 1/2 s. N.
Sa bisaïeule : Ecolière, par Extase, 1/2 s. N.
Sa trisaïeule : Thereza, par Destin, 1/2 s. N.
Sa quadrisaïeule : Brillante, par Jéricko, 1/2 s. N.
5ᵉ degré : Ida, par Basly, 1/2 s. N.
Le Pin : depuis 1901.

TOURBILLON (approuvé). — M. Viel (Albert) (Calvados).
Al. 1897. — Normandie.
Par *Mignon*, 1/2 s. N., et *Antigone*, P. S. A.
Le Pin : depuis 1902.

TOURBILLON II, ex-TOURBILLON. — H. N.
B. 1897. — Orne.
Par *Narcisse*, 1/2 s. N., et *Pervenche*, par Kriss, 1/2 s. N.
Sa grand'mère : par Séducteur, 1/2 s. N.
Saint-Lô : depuis 1901.

TOURISTE. — H. N.
B. 1897. — Orne.
Par *Oran*, 1/2 s. N., et *Elide*, par Serpolet-Bai, 1/2 s. N.
Sa grand'mère : Indépendante, par Trouville, P. S. A.
Sa bisaïeule : par Fitz-Pantaloon, P. S. A.
Saint-Lô : depuis 1901.

TOURNESOL, ex-**TALISMAN**. — H. N.
Al. 1897. — Calvados.
Par *Oranger*, 1/2 s. N., et *Carmen*, par Saint-Rigomer, 1/2 s. N.
Sa grand-mère : par Kaolin, P. S. A.
Saint-Lô : depuis 1901.

TOURNESOL (approuvé). — M. Perdriel, 1901 ;
M. V. Morcel, 1905 (Calvados).
Bb 1897. — Normandie.
Par *King*, 1/2 s. N., et *N.*, par Diplomate, 1/2 s. N.
Saint Lô : depuis 1901.

TOURTEREAU. — H. N.
N. 1897. — Calvados.
Par *Email*, 1/2 s. N. (approuvé), et *Philyre*, par Echo, 1/2 s. N.
Sa grand'mère : par Acquila, 1/2 s. N.
Saint-Lô : depuis 1901.

TOUT-A-COUP, ex-**TURCO**. — H. N.
Bb. 1897. — Manche.
Par *Lilas*, 1/2 s. N., et *Norma*. par Follet, 1/2 s. N.
Sa grand'mère : Bijou, par Noirmont, 1/2 s. N.
Sa bisaïeule : par Egésippe, 1/2 s. N.
Saint-Lô : depuis 1901.

TRAFALGAR. — H. N.
B. 1897. — Orne.
Par *Nez*, 1/2 s. N., et *Marsala*. par Cherbourg, 1/2 s. N.
Sa grand'mère : Mademoiselle-de-Belfonds, par Niger, 1/2 s. N.
Sa bisaïeule : par Elu, 1/2 s. N.
Le Pin : depuis 1901.

TRAPPEUR, ex-**TABOR**. — H. N.
Al. 1897. — Calvados.
Par *Kamtchatka*, 1/2 s. N., et *Phtha*, par Floridor, 1/2 s. N.
Sa grand'mère : Lisette, par Cormoran, 1/2 s. N.
Sa bisaïeule : Fillette, par Vendu, 1/2 s. N.
Saint-Lô : depuis 1901.

TRAVAILLEUR I, ex-**TRAVAILLEUR**. — H. N.
Bb. 1897. — Sarthe.
Par *Fuschia*, 1/2 s. N., et *Libertine*, par Edimbourg, 1/2 s. **N.**
Sa grand'mère : par Phaéton, 1/2 s. N.
Sa bisaïeule : par Inkermann, 1/2 s. N.
Saint-Lô : depuis 1902.

TRAVAILLEUR II, ex-**TRAVAILLEUR**. — H. N.
B. 1897. — Orne.
Par *Fuschia*, 1/2 s. N., et *Linotte*, par Cherbourg, 1/2 s. N.
Sa grand'mère : Sedalis, par Abrantès, 1/2 s. N.
Sa bisaïeule : par Séducteur, 1/2 s. N.
Le Pin : depuis 1902.

TRAYON. — H. N.
B. 1897. — Manche.
Par *Nemours*, 1/2 s. N., et *Lisette*, par Diplomate, 1/2 s. **N.**
Sa grand'mère : Blancpied, par Nopal, 1/2 s. **N.**
Saint-Lô : depuis 1901.

TREILLAGEUR. — H. N.
B. 1897. — Manche.
Par *Muguet*, 1/2 s. N., et *Panachée*, par Dacapo, 1/2 s. N.
Sa grand'mère : Coquette, par Aventin, 1/2 s. N.
Sa bisaïeule : par Hunter, 1/2 s. N.
Saint-Lô : 1901-1905. — Réformé le 1er août.

TREITOUR (accepté). — M. Durozier (Ph.) (Calvados).
Bb. 1897. — Calvados.
Par *Narquois*, 1/2 s. N., et *Mira*, par Cherbourg, 1/2 s. **N.**
Sa grand'mère : par Lavater, 1/2 s. N.
Sa bisaïeule : Harriett, P. S. A.
Saint-Lô : 1902. — Non représenté.

TREMOLO, ex-**TIBÈRE**. — H. N.
Bb. 1897. — Orne.
Par *Nabucho*, 1/2 s. N., et *Nathalie*, par Edimbourg, 1/2 s. N.
Sa grand'mère : Odalisque, par Racoleur ou Hidalgo, 1/2 s. N.
Sa bisaïeule : Pauline, par Tamberlick, P. S. A.
Sa trisaïeule : par Paradis, 1/2 s. N.
Sa quadrisaïeule : par Schamyl, P. S. A.
5e degré : par Faliero, 1/2 s. N.
6e degré : par Iléros, 1/2 s. N.
Le Pin : depuis 1901.

TRENTE-ET-UN. — H. N.

Bb. 1897. — Manche.

Par *Harley*, 1/2 s. N., et *Gloriette*, par Télémaque, 1/2 s. N.

Sa grand'mère : par Kapirat, 1/2 s. N.

Le Pin : depuis 1901.

TRENTE-MARS (approuvé). — M. Perdriel, 1902 ;
M. Lerdu, 1903 (Calvados).

B. 1897. — Manche.

Par *Fontenay*, 1/2 s. N., et *Escapade*, par Qui-Vive, 1/2 s. N.

Sa grand'mère : Kindler, par Eylau, P. S. A.-Ar.
Sa bisaïeule : Kindler, par North-Star, 1/2 s. A.

Saint-Lô : depuis 1902.

TRÈS-FIER, ex-TRIBOULET. — H. N.

Al. 1897. — Orne.

Par *James-Watt*, 1/2 s. N., et *Onglette*, par Cherbourg, 1/2 s. N.

Sa grand'mère : Finance, par Niger, 1/2 s. N.
Sa bisaïeule : Miss-Pierre, par Succès, 1/2 s. N.
Sa trisaïeule : Lady-Pierre (américaine).

Le Pin : depuis 1901.

TRÉSORIER. — H. N.

Al. 1897. — Orne.

Par *James-Watt*, 1/2 s. N., et *Imprudente*, par Baugé, 1/2 s. N.

Sa grand'mère : Voltigeuse, par Parthénon ou Gall, 1/2 s. N.
Sa bisaïeule : Belle-de-Jour, par Inkermann, 1/2 s. N.
Sa trisaïeule : Fatmey, par Tipple-Cider, P. S. A.
Sa quadrisaïeule : par Eylau, P. S. A.-Ar.

Le Pin : depuis 1901.

TRIBOULET. — H. N.

Al. 1897. — Calvados.

Par *Himalaya*, 1/2 s. N., et *Fauvette*, par Niger, 1/2 s. N.

Sa grand'mère : par Extase, 1/2 s. N.

Saint-Lô : 1901-1902. — Réformé le 11 août.

TRIBUTAIRE. — H. N.
Al. 1897. — Orne.

Par *James-Watt*, 1/2 s. N., et *Jardinière*, par Beaugé, 1/2 s. N.
Sa grand'mère : Voltigeuse, par Parthénon ou Gall, 1/2 s. N.
Sa bisaïeule : Belle-de-Jour, par Inkermann, 1/2 s. N.
Sa trisaïeule : Fatmey, par Tipple-Cider, P. S. A.
Sa quadrisaïeule : par Eylau, P. S. A.-Ar.

Le Pin : depuis 1901.

TRIDENT. — H. N.
B. 1897. — Manche.

Par *Norodom*, 1/2 s. N., et *Brostin*, par Décret, 1/2 s. N. (approuvé).
Sa grand'mère : par Porthos, 1/2 s. N. (approuvé).

Le Pin : depuis 1901.

TRINQUEUR (approuvé). — M. Olry (Orne).
Al. 1897. — Orne.

Par *Fuschia*, 1/2 s. N., et *Perce-Neige*, P. S. A., par Cymbal.

Le Pin : depuis 1902.

TRIOMPHANT (approuvé). — M. Lallouet (Orne).
Al. 1897. — Orne.

Par *Fuschia*, 1/2 s. N., et *Narcisse*, par Cherbourg, 1/2 s. N.
Sa grand'mère : Fauvette II, par Phaéton, 1/2 s. N.
Sa bisaïeule : Juliana, par Élu, 1/2 s. N.
Sa trisaïeule : Voyageuse, par Gaulois, 1/2 s. N.
Sa quadrisaïeule : Brillante, par Jéricko, 1/2 s. N.
5e degré : Ida, par Basly, 1/2 s. N.

Le Pin : depuis 1901.

TRIPOTEUR, ex-TOUL. — H. N.
Bb. 1897. — Orne.

Par *Offenbach*, 1/2 s. N., et *Gabrielle*, par Edimbourg, 1/2 s. N.
Sa grand'mère : par Racoleur ou Hidalgo, 1/2 s. N.

Saint-Lô : 1901-1902.
Réformé le 1er mai 1903 sans avoir fait la monte.

TRITON (approuvé). — M. Lebeurier (Jules) (Manche).
B. 1897. — Calvados.

Par *Hetman*, 1/2 s. N., et *Emeraude*, par Normand, 1/2 s. N.
Sa grand'mère : Préférence, par Y, 1/2 s. N.
Sa bisaïeule : Gertrude, par Bassompierre, 1/2 s. N.

Saint-Lô : depuis 1902.

TRIVULCE. — H. N.
B. 1897. — Manche.
Par *Dacapo* ou *Kirsch*, 1/2 s. N., et *Mika*, par Fabuleux, 1/2 s. N.
Sa grand'mère : Lisa, par Bien-Aimé, 1/2 s. N. (approuvé).
Saint-Lô : 1901-1904. — Réformé le 5 août.

TRON-DE-L'AIR. — H. N.
Al. 1897. — Manche.
Par *Marcelet*, 1/2 s. N., et *Triomphante*, par Fontenay, 1/2 s. N.
Sa grand'mère : par Y, 1/2 s. N.
Le Pin : 1901-1903. — Passé aux chevaux de service, n'a pas
fait la monte en 1904. — Réintégré en 1905.

TROUBADOUR, ex-TALISMAN. — H. N.
Al. 1897. — Manche.
Par *Nouveau-Monde*, 1/2 s. N., et *Coquette*, par Evaux, 1/2 s. N.
Sa grand'mère : Brebis, par Quasimodo, 1/2 s. N. (approuvé).
Saint-Lô : 1901-1902. — Réformé le 11 août.

TROUBLE-FÊTE, ex-TAQUIN. — H. N.
N. 1897. — Manche.
Par *Norodum*, 1/2 s. N., et *Lisa*, par Agnadel, 1/2 s. N.
Sa grand'mère : Normandie, par Quality, 1/2 s. N.
Sa bisaïeule : Rachel, par Dimanche, 1/2 s. N. (approuvé).
Saint-Lô . depuis 1901.

TROUVÈRE. — H. N.
B. 1897. — Calvados.
Par *Mignon*, 1/2 s. N., et *Kaoline*, par Kaolin, P. S. A.
Sa grand'mère : par Jactator, 1/2 s. N.
Saint-Lô : depuis 1901.

TSAR, ex-TALISMAN. — H. N.
Bb. 1897. — Calvados.
Par *Echo*, 1/2 s. N., et *Brillante*, par Parthénon, 1/2 s. N.
Sa grand'mère : par Séducteur, 1/2 s. N.
Le Pin : 1901-1905. — Réformé le 1er août.

TUDESQUE (accepté). — Cte de Ganay (Manche).
Al. 1897. — Manche.
Par *Mac-Gregor*, 1/2 s. N.
Saint-Lô : 1902-1903. — Non représenté.

TUDOR. — H. N.
B. 1897. — Manche.
Par *Marcelet*, 1/2 s. N., et *Lavatère*, par Lavater, 1/2 s. N.
Sa grand'mère : The Heir-of-Linne, par The Heir-of-Linne, P. S. A.
Sa bisaïeule : N., par Hautain, 1/2 s. N.
Saint-Lô : depuis 1901.

TUMULTE. — H. N.
N. 1897. — Manche.
Par *Myosotis*, 1/2 s. N., et *Castille*, par Bataillon, 1/2 s. N.
Sa grand'mère : Cocotte, par Invariable, 1/2 s. N.
Sa bisaïeule : Misse, par Intact, 1/2 s. N.
Sa trisaïeule : N., par Vandermulin, P. S. A.
Saint-Lô : depuis 1901.

TURC-A-MORT (approuvé). — M. Le Marchand (Manche).
Al. 1897. — Somme.
Par *Juvigny*, 1/2 s. N., et *Nostra*, par Fuschia, 1/2 s. N.
Sa grand'mère : Visitandine II, par Affidavit, P. S. A.
Sa bisaïeule : par Centaure, 1/2 s. N.
Saint-Lô : depuis 1902.

TURCO (accepté). — M. Desmares (P.) (Manche).
B. 1897. — Manche.
Par *Parsifal*, P. S. A., et *La Petite*, par Quality, 1/2 s. N.
Sa grand'mère : fille de Romano, 1/2 s. N.
Saint-Lô : 1901-1903. — Non représenté.

TURENNE (approuvé). — M. Le Meteyer (Manche).
B. 1897. — Calvados.
Par *Fuschia*, 1/2 s. N., et *Constance*, par Noville, 1/2 s. N.
Sa grand'mère : Fortuna, P. S. A.
Saint-Lô : depuis 1901.

TURENNE, ex-**TROUVILLE**. — H. N.
Al. 1897. — Sarthe.
Par *Juvigny*, 1/2 s. N., et *Favorite*, par Phaéton, 1/2 s. N.
Sa grand'mère : Bluette, par Quiclet, 1/2 s. N.
Sa bisaïeule : Fleur-de-Genêt, par Gall, 1/2 s. N.
Sa trisaïeule : par Inkermann, 1/2 s. N.
Sa quadrisaïeule : par Tipple-Cider, P. S. A.
5e degré : par Eylau, P. S. A.-Ar.
Le Pin : depuis 1901.

TURF. — H. N.
B. 1897. — Manche.
Par *Napoléon*, 1/2 s. N., et *Volante*, par Jolibois, 1/2 s. N.
Sa grand'mère : Volante, par Nicanor, 1/2 s. N.
Sa bisaïeule : par Fire-Away, 1/2 s. A.
Saint-Lô : depuis 1901.

TYPHIS (approuvé). — M. Roussel (Manche).
Al. 1897. — Manche.
Par *Dominant*, 1/2 s. N.
Saint-Lô : depuis 1901.

TYROL. — H. N.
B. 1897. — Orne.
Par *Oran*, 1/2 s. N., et *Espérance*, par Phaéton, 1/2 s. N.
Sa grand'mère : Voltigeuse, par Parthénon ou Gall, 1/2 s. N.
Sa bisaïeule : Belle-de-Jour, par Inkermann, 1/2 s. N.
Sa trisaïeule : par Tipple-Cider, P. S. A.
Sa quadrisaïeule : par Eylau, P. S. A.-Ar.
Le Pin : depuis 1901.

UCHON. — H. N.
B. 1898. — Manche.
Par *Norodum*, 1/2 s. N., et *Bijou*, par Séduisant, 1/2 s. N. (appr.)
Sa grand'mère : par Dimanche, 1/2 s. N.
Saint-Lô : 1902-1903. — Mort le 13 mai.

UDON. — H. N.
B. 1898. — Orne.
Par *Lignières*, 1/2 s. N., et *Junon*, par Underham, 1/2 s. N.
Sa grand'mère : par Pretender, 1/2 s. A.
Sa bisaïeule : par Lully, P. S. A.
Saint-Lô : 1902-1905. — Réformé le 1er août.

UFA, ex-**UT**. — H. N.
B. 1898. — Manche.

Par *Nerveux*, 1/2 s. N., et *Orva*, par Fulminant, 1/2 s. N.

Sa grand'mère : Bijou, par Lucullus, 1/2 s. N.
Sa bisaïeule : Sophie, par Vandermulin, P. S. A.

Saint-Lô : depuis 1902.

UGLAS. — H. N.
Ro. 1898. — Calvados.

Par *Martial*, 1/2 s. N., et *Ponette*, par Dampierre, 1/2 s. N.

Sa grand'mère : par Vampire, 1/2 s. N.

Le Pin : depuis 1902.

UGOLIN (approuvé). — M. Lereculey, 1902 ;
M. Le Marchand, 1903 (Manche).

Bb. 1898. — Manche.

Par *Nectar*, 1/2 s. N., et *Octavie*, par Héxamètre, 1/2 s. N.

Sa grand'mère : Rosalie, par Jarnac, 1/2 s. N.
Sa bisaïeule : par Orageux, 1/2 s. N.
Sa trisaïeule : par Ugolin, 1/2 s. N.

Saint-Lô : depuis 1902.

UJK. — H. N.
B. 1898. — Orne.

Par *Cherbourg*, 1/2 s. N., et *Parfumeuse*, par Fuschia, 1/2 s. N.

Sa grand'mère : par Niger, 1/2 s. N.

Saint-Lô : depuis 1902.

UKASE Ier, ex-**UKASE**. — H. N.
B. 1898. — Orne.

Par *Fuschia*, 1/2 s. N., et *Isaura*, par Beaugé, 1/2 s. N.

Sa grand'mère : Rosière, par Condé, 1/2 s. N.
Sa bisaïeule : Fortunée, par The Norfolk-Phœnomenon, 1/2 s. A.
Sa trisaïeule : N. de Kramer, 1/2 s. N.
Sa quadrisaïeule : par Doyen, 1/2 s. N.
5e degré : par D. I. O., P. S. A.
6e degré : par King.

Le Pin : depuis 1902.

UKASE (accepté). — M. de Panthou (Calvados).
B. 1898. — Manche.
Par *Dacapo*, 1/2 s N . et *Mignonne*, par Macouba, 1/2 s. N.
Sa grand'mère : Solide, par Santerre, 1/2 s. N.
Sa bisaïeule : Mignonne, par Lodi, 1/2 s. N.
Saint-Lô . 1902. — Non représenté.

UKRAINE. — H. N.
N. 1898. — Orne.
Par *Nabucho*, 1/2 s. N., et *Brillante*, par Usquebac, 1/2 s. N.
Sa grand'mère : par Quiélet, 1/2 s. N.
Saint-Lô : 1902-1905. — Réformé le 1er août.

ULÉABORG, ex-**UHLAN**. — H. N.
B. 1898. — Manche.
Par *Osiris*, 1/2 s. N., et *Coquette*, par Algésiras, 1/2 s. N.
Sa grand'mère : Lisa, par Surveillant, 1/2 s. N.
Saint-Lô : depuis 1902.

ULEMA. — H. N.
N. 1898. — Orne.
Par *Juvigny*, 1/2 s. N , et *Arabella*, par Phaéton ou Koping,
1/2 s. N.
Sa grand'mère : Carlotta, par Condé, 1/2 s. N.
Sa bisaïeule : Hélène, par Elu, 1/2 s. N.
Sa trisaïeule : par Brocardo, P. S. A.
Sa quadrisaïeule : par William, P. S. A.
Le Pin : depuis 1902.

ULEX. — H. N.
B. 1898. — Orne.
Par *Novice*, 1/2 s. N., et *Fleur-de-Mai*, par Reynolds, 1/2 s. N.
Sa grand'mère : Orphéïde, par Orphée, 1/2 s. N.
Le Pin : 1902-1903. — Réformé le 10 août.

ULPIEN. — H. N.
B. 1898. — Calvados.
Par *Oiseau-Mouche*, 1/2 s. N., et *Orpheline*, par Gérardmer, 1/2 s. N.
Sa grand'mère : par Montfort, P. S. A.
Sa bisaïeule : par Interprète, 1/2 s. N.
Saint-Lô : depuis 1902.

ULRICH. — H. N.
N. 1898. — Orne.
Par *James-Watt*, 1/2 s. N., et *Perle-Fine*, par Cherbourg, 1/2 s. N.
Sa grand'mère : Kyrielle, par Phaéton, 1/2 s. N.
Sa bisaïeule : Amaranthe, par Niger, 1/2 s. N.
Sa trisaïeule : Fleurette, par Sérénader, 1/2 s. A.
Sa quadrisaïeule : par Tipple-Cider, P. S. A.
Le Pin : 1902-1905.— Passé au service de l'Ecole le 3 août.

ULRICH III (accepté). — MM. Iselin et Renault (Manche).
Al. 1898. — Manche.
Par *Mignonne*, 1/2 s. N. (approuvé), et N., par *Indigo*, 1/2 s. N.
Saint-Lô : 1902. — Non représenté.

ULTIMATUM. — H. N.
B. 1898. — Manche.
Par *Neuilly*, 1/2 s. N., et *Rose-du-Mont*, par Lavater, 1/2 s. N
Sa grand'mère : Trop-Chou, par The Heir-of-Linne, P. S. A.
Sa bisaïeule : par Sinope, 1/2 s. N. (approuvé).
Saint-Lô : 1902. — Réformé le 11 août.

ULTIMO, ex-**UHLAN**. — H. N.
B. 1898. — Manche.
Par *Marcelet*, 1/2 s. N., et *Rosette*, par Lavater, 1/2 s. N.
Sa grand'mère : Martamia, par Lagopède, 1/2 s. N.
Sa bisaïeule : par Lahore, 1/2 s. A.
Saint-Lô : 1902-1904. — Réformé le 5 août.

ULTRA. — H. N.
B. 1898. — Calvados.
- Par *Fataliste*, P. S. A., et *Loraine*, par Acquila, 1/2 s. N.
Sa grand'mère : par Irlandais, 1/2 s. N.
Le Pin : 1902-1904. — Réformé le 3 août.

ULVEN. — H. N.
B. 1898. — Manche.
Par *Narquois*, 1/2 s. N., et *Escapade*, par Qui-Vive, 1/2 s. N.
Sa grand-mère : Kindler, par Eylau, P. S. A.-Ar.
Sa bisaïeule : Kindler, par North-Star, 1/2 s. A.
Saint-Lô : depuis 1902.

ULYSSE. — H. N.
B. 1898. — Manche.
Par *Follet*, 1/2 s. N., et *Quantième*, par Kiss, 1/2 s. N.
Sa grand-mère : Palmire, Irake, 1/2 s. N. (approuvé).
Saint-Lô : depuis 1902.

ULYSSE (approuvé). — M. Dufour (Alex.) (Manche).
B. 1898. — Manche.
Par *Jusant*, 1/2 s. N., et *Flambeau*, par Jarnac, 1/2 s. N.
Sa grand'mère : Lapoule, par Ugolin, 1/2 s. N.
Sa bisaïeule : par Essence, 1/2 s. N.
Saint-Lô : depuis 1903.

ULYSSE-NARQUOIS (accepté). — M. Guillerme (Manche).
Bb. 1898. — Manche.
Par *Narquois*, 1/2 s. N., et *Princesse*, par Harley, 1/2 s. N.
Sa grand'mère : Gloriette, par Télémaque, 1/2 s. N.
Sa bisaïeule : Rapide, par Kapirat, 1/2 s. N.
Saint-Lô : 1902. — Non représenté.

UN-AMI, ex-UKASE. — H. N.
Al. 1898. — Orne.
Par *Nabucho*, 1/2 s. N., et *Kama*, par Beaugé, 1/2 s. N.
Sa grand'mère : par Parthénon, 1/2 s. N.
Saint-Lô : 1902-1904. — Réformé le 5 août.

UNANIME. — H. N.
Al. 1898. — Orne.
Par *James-Watt*, 1/2 s. N., et *Java*, par Gabier, P. S. A.
Sa grand'mère : Camelia, par Quiclet, 1/2 s. N.
Sa bisaïeule : par Séducteur, 1/2 s. N.
Saint-Lô : depuis 1902.

UN-BRILLANT, ex-URANUS. — H. N.
B. 1898. — Manche.
Par *Laurier*, 1/2 s. N., et *Quittance*, par Foilet, 1/2 s. N.
Sa grand'mère : par Ange, 1/2 s. N.
Sa bisaïeule : par Newton, 1/2 s. N.
Le Pin : 1902-1903. — Réformé le 10 août.

UN-CALME, ex-**ULTIMATUM**. — H. N.

Bb. 1898. — Manche.

Par *Cherbourg*, 1/2 s N., et *Isis*, par Domino-Noir, 1/2 s. N.

Sa grand'mère : Pâquerette, par Conquérant, 1/2. s. N.
Sa bisaïeule : N., par The Heir-of-Linne, P. S. A.

Saint-Lô : depuis 1902.

UN-CARESSANT, ex-**UTIQUE**. — H. N.

Al. 1898. — Calvados.

Par *Pauillac*, 1/2 s. N., et *Ombrelle*, par Graft, 1/2 s. N.

Sa grand'mère : par Beauseigneur, 1/2 s. N.
Sa bisaïeule : par Léotard, 1/2 s. N.
Sa trisaïeule : par Lucullus, 1/2 s. N.

Le Pin : depuis 1902.

UN-CASCADEUR, ex-**UNANIME**. — H. N.

B. 1898. — Manche.

Par *Frondeur*, 1/2 s. N., et *Nadine*, par Immortel, 1/2 s. N.
Sa grand'mère : par Rivoli, 1/2 s. N.

Le Pin : depuis 1902.

UNCLE JACK, ex-**URBAIN**. — H. N.

B. 1898. — Orne.

Par *Nabucho*, 1/2 s. N., et *Fleurissante*, par Etudiant, 1/2 s. N.

Sa grand'mère : par Vichnou, P. S. A.

Saint-Lô : 1902-1905. — Réformé le 1er août.

UNCLE-TOM, ex-**URSIN**. — H. N.

B. 1898. — Calvados.

Par *Martial*, 1/2 s. N., et *Lola*, par Dampierre, 1/2 s. N.

Saint-Lô : depuis 1902.

UN-DOMINO. — H. N.

N. 1898. — Orne.

Par *Portici*, 1/2 s. N., et *Philine*, par Cherbourg, 1/2 s. N.

Sa grand'mère : par Abrantès, 1/2 s. N.

Saint-Lô : depuis 1902.

UN-ÉLÉGANT, ex-**ULLOA**. — H. N.

Al. 1898. — Orne.

Par *James-Watt*, 1/2 s. N., et *Onglette*, par Cherbourg, 1/2 s. N.

Sa grand'mère : Finance, par Niger, 1/2 s. N.
Sa bisaïeule : Miss-Pierce, par Succès, 1/2 s. N.
Sa trisaïeule : Lady-Pierce, jument américaine.

Le Pin : 1902. — Réformé le 22 août.

UN-ET-DEUX (approuvé). — M. Vaudry (Emile) (Calvados).

B. 1898. — Manche.

Par *Follet*, 1/2 s. N., et *Penza*, par Betting, 1/2 s. N.

Sa grand'mère : Berger, par Verni, 1/2 s. N.

Saint-Lô : depuis 1902.

UNIBRIUS (approuvé). — M. Lepileur (Manche).

B. 1898. — Manche.

Par *Rio-Tinto*, P. S. A., et *Polka*, par Farnèse, 1/2 s. N.

Sa grand'mère : Lapetite, par Diégo, 1/2 s N.
Sa bisaïeule : par Beaumarchais, 1/2 s. N.

Saint-Lô : 1902-1903. — Réformé.

UNICORNE, ex-**UTIQUE**. — H. N.

B. 1898. — Manche.

Par *Norodum*, 1/2 s. N., et *Castille*, par Hearty, 1/2 s. N.

Sa grand'mère : Rosette, par Lans-Born, 1/2 s. N. (approuvé).
Sa bisaïeule : par Castor, 1/2 s. N. (approuvé).

Saint-Lô : 1902-1904. — Mort le 1er décembre.

UNITÉ. — H. N.

Al. 1898. — Orne.

Par *Narcisse*, 1/2 s. N., et *Qualifiée*, par James-Watt, 1/2 s. N.

Sa grand'mère : Iris, par Beaugé, 1/2 s. N.

Saint-Lô : depuis 1902.

UNITED-SERVICE. — H. N.

B. 1898. — Orne.

Par *Pornic*, 1/2 s. N., et *Jacqueline*, par Jaclator, 1/2 s. N.

Sa grand'mère : par Tallien, 1/2 s. N.

Saint-Lô : 1902. — Réformé le 11 août.

UNIVERS. — H. N.
B. 1898. — H. N.

Par *Napoléon*, 1 2 s. N., et *Moissonneuse*, par Colporteur, 1/2 s. N.
Sa grand'mère : Marquise, par Saint-Cloud, 1 2 s. N.
Sa bisaïeule : Marinette, par Quasi, 1 2 s. N.
Sa trisaïeule : N., par Elu, 1 2 s. N.
Saint-Lô : depuis 1902.

UNIVERSEL. -- H. N.
B. 1898. — Manche.

Par *Harley*, 1/2 s. N., et *Oration*, par Espadon, 1 2 s. N.
Sa grand'mère : Negro, par Norfolk-Hero, 1 2 s. A. (approuvé).
Sa bisaïeule : par Eclipse, 1 2 s. N. (approuvé).
Saint-Lô : 1902-1904. — Mort le 31 mars.

UN-LUTIN, ex-UNITÉ. — H. N.
B. 1898. — Manche.

Par *Mahomet*, 1 2 s. N., et *Mon Etoile*, par Fontenay ou Levrant.
1/2 s. N.
Sa grand'mère : Mignonne, par Agnadel, 1 2 s. N.
Sa bisaïeule : Brunette, par Ignoré, 1 2 s. N.
Sa trisaïeule : Bijou, par Séduisant, 1 2 s. N.
Sa quadrisaïeule : N., par Beaumanoir, 1 2 s. N.
Saint-Lô : 1902-1903 — Réformé le 10 août.

UN-MAJESTUEUX, ex-QUIDAM. — H. N.
B. 1898. -- Calvados.

Par *Cherbourg*, 1 2 s. N., et *Favorite*, par Montbarey, P. S. A.
Sa grand'mère : par Nadar, 1 2 s. N.
Le Pin : depuis 1902.

UN-PACHA, ex-URIAGE. — H. N.
N. 1898. — Orne.

Par *Cherbourg*, 1 2 s. N., et *Quenouille*, par Edimbourg, 1/2 s. N.
Sa grand'mère : par Phaéton ou Koping, 1/2 s. N.
Le Pin : depuis 1902.

UN-RAFFINÉ, ex-QUOTIENT. — H. N.
B. 1898. — Calvados.

Par *Juvigny*, 1/2 s. N , et *Italie*, par Unorthodox, 1/2 s. N.
Sa grand'mère : Fauvette, par Evaux, 1/2 s. N., et N., par Regnard,
1/2 s. N.
Le Pin : depuis 1902.

UN-RAPIDE, ex-ULTIMATUM. — H. N.
B. 1898. — Orne.
Par *Presbourg*, 1/2 s. N. (approuvé), et *Ombrette*, par Iambe,
1/2 s. N.
Sa grand'mère : Elvétia, par Usquebac, 1/2 s. N.
Sa bisaïeule : Duchesse, par Inkermann, 1/2 s. N.
Sa trisaïeule : par Séducteur, 1/2 s. N.
Sa quadrisaïeule : par Jéricko, 1/2 s. N.
5e degré : par Prince-Colibri, P. S. A.
6e degré : par Pick-Pocket, P. S. A.

Le Pin : 1902-1903. — Réformé le 10 août.

UN-RÉSISTANT, ex-ULSTER. — H. N.
B. 1898. — Manche.
Par *Message*, 1/2 s. N., et *Cocotte*, par Fabius, 1/2 s. N.

Saint-Lô : 1902. — Réformé le 11 août.

UN-ROBUSTE, ex-USSON. — H. N.
N. 1898. — Orne.
Par *Opinant*, 1/2 s. N., et *Fidèle*, par Tristan, 1/2 s. N.
Le Pin : depuis 1902.

UN-SERVITEUR, ex-ULRICH. — H. N.
B. 1898. — Eure.
Par *Orgeat*, 1/2 s. N., et *Norma*, par Renaissant, 1/2 s. N.
Sa grand'mère : par Gale, 1/2 s. N.

Saint-Lô : 1902. — Réformé le 11 août.

UN-SULTAN, ex-UZIE. — H. N.
Bb. 1898. — Calvados.
Par *Nizam*, 1/2 s. N., et *Coquette*, par Kermann, 1/2 s. N.

Sa grand'mère : par Saint-Rigomer, 1/2 s. N.
Le Pin : 1902. — Réformé le 22 août.

UN-SOUMIS, ex-ULEMA. — H. N.
B. 1898. — Manche.
Par *Neuilly*, 1/2 s. N., et *Fred-Follette*, par Fred-Archer, 1/2 s. N.

Sa grand'mère : par Tempête, 1/2 s. N.
Sa bisaïeule : par Sinope, 1/2 s. N. (approuvé).
Le Pin : 1902-1903. — Mort le 16 juillet.

UN-TEL, ex-**UNIVERSEL**. — H. N.

Al. 1898. — Manche.

Par *Farnèse*, 1/2 s. N., et *Cocotte*, par Darnetal, 1/2 s. N.

Sa grand'mère : Lapetite, par Bien-Aimé, 1/2 s. N. (approuvé).

Saint-Lô : depuis 1902.

UN-TENTATEUR, ex-**SAINT-CHRISTOPHE**. — H. N.

B. 1898. — Orne.

Par *Nez*, 1/2 s. N., et *Giselle*, par Soldat, 1/2 s. N.

Sa grand'mère : par Phaéton, 1/2 s. N.

Le Pin : 1902-1903. -- Passé aux chevaux de service.

UNTERWALDEN, ex-**UHLAN**. — H. N.

B. 1898. — Manche.

Par *Narquois*, 1/2 s. N., et *Praline*, par Reynolds, 1/2 s. N.

Sa grand'mère : The Heir-of-Linne, par The Heir-of-Linne, P. S. A.
Sa bisaïeule : par Etendard, 1/2 s. N.

Saint-Lô : depuis 1902.

UN-TROMPEUR, ex-**UNAU**. — H. N.

Bb. 1898. — Calvados.

Par *Frondeur*, 1/2 s. N., et *Brunette*, par Aristocrate, 1/2 s. N.

Sa grand'mère : par Lavater, 1/2 s. N.

Le Pin : 1902. — Réformé le 17 décembre.

UN-VIVEUR, ex-**URGENT**. — H. N.

B. 1898. — Manche.

Par *Ormeau*, 1/2 s. N., et *Migrate*, par Hourvari, 1/2 s. N.

Sa grand'mère : par Romain, 1/2 s. N. (approuvé).

Le Pin : 1902. — Réformé le 22 août.

UN-VOL-AU-VENT, ex-**VOL-AU-VENT**. — H. N.

B. 1898. — Orne.

Par *Pornic*, 1/2 s. N., et *Eglantine*, par Cherbourg, 1/2 s. N.

Sa grand'mère : par Idus, P. S. A.

Saint-Lô : depuis 1902.

URANUS. — H. N.

N. 1898. — Orne.

Par *James-Watt*, 1/2 s. N., et *Palmyre*, par Jadis, 1/2 s. N.

Sa grand'mère : Lisette, par Crismesnil, 1/2 s. N.
Sa bisaïeule : par Buci, 1/2 s. N.

Saint-Lô : depuis 1902.

URANUS. — H. N.

Bb. 1898. — Orne.

Par *Fuschia*, 1/2 s. N., et *Prudente*, par Carnaval, 1/2 s. N.

Sa grand'mère : Georgina, par Trouville, P. S. A.
Sa bisaïeule : Azurine, par Séducteur, 1/2 s. N.
Sa trisaïeule : par Aï, 1/2 s. N.

Le Pin : 1903-1905. — Réformé le 1er août.

URAQUE (approuvé). — M. Cochard (Alb.) (Manche).

Al. 1898. — Manche.

Par *Mouton-Duvernet*, 1/2 s. N., et *Patti*, par Kymris, 1/2 s. N.

Sa grand'mère : *Coquette*, par Oglio, 1/2 s. N.
Sa bisaïeule : par Nicias, 1/2 s. N.

Saint-Lô : depuis 1902.

URAU. — H. N.

B. 1898. — Calvados.

Par *Oiseau-Mouche*, 1/2 s. N., et *Quillebette*, par Intérim, 1/2 s. N

Sa grand'mère : par Hortensius, 1/2 s. N.

Le Pin : depuis 1902.

URBAIN (autorisé). — M. Courty (Seine-Inférieure).

B. 1897. — France.

Par *Nessi*, 1/2 s. N.

Le Pin : 1901. — Non représenté.

URENS. — H. N.

Bb. 1898. — Manche.

Par *Lance-à-Mort*, 1/2 s. N., et *Flamme*, par Lavater, 1/2 s. N.

Sa grand'mère : Allumette, par The Heir-of-Linne, P. S. A.
Sa bisaïeule : Kindler, par Eylau, P. S. A.-Ar.
Sa trisaïeule : Kindler, par Northstar, 1/2 s. A.

Saint-Lô : depuis 1902.

URFÉ. — H. N.

B. 1898. — Calvados.

Par *Fataliste*, P. S. A., et *Pastourelle*, par Tigris, 1/2 s. N.

Sa grand'mère : Havane, par Rivoli, 1/2 s. N.

Saint-Lô : depuis 1902.

URFFE. — H. N.

B. 1898. — Manche.

Par *Harley*, 1/2 s. N., et *Medine II*, par Fontenay, 1/2 s. N.

Sa grand'mère : Allumette, par The Heir-of-Linne, P. S. A.

Sa bisaïeule : Kindler, par Eylau, P. S. A.-Ar.

Sa trisaïeule : par Kindler, 1/2 s. N.

Sa quadrisaïeule : jument d'allure.

Le Pin : depuis 1902.

URGENT (approuvé). — M. Cabrol (Calvados).

B. 1898 — Calvados.

Par *Narquois*, 1/2 s. N., et *Mira*, par Cherbourg, 1/2 s. N.

Sa grand'mère : Duègne, par Lavater, 1/2 s. N.

Sa bisaïeule : Harriet, P. S. A., par Charlatan.

Le Pin : depuis 1903.

URQUIZA, ex-UPAS. — H. N.

B. 1898. — Manche.

Par *Jolibois*, 1/2 s. N., et *Quarta*, par Kaïn, 1/2 s. N.

Sa grand'mère : Rosette, par Orfila, 1/2 s. N.

Sa bisaïeule : Margo, par Quality, 1/2 s. N.

Sa trisaïeule : N., par Ratapoil, 1/2 s. N. (approuvé).

Saint-Lô : depuis 1902.

URTACA (approuvé). — M. Lereculey (Manche).

Bb. 1898. — Calvados.

Par *Orient*, 1/2 s N., et *Pistole*, par Jockey, 1/2 s. N.

Sa grand'mère : Bichette, par Calambac, 1/2 s. N.

Sa bisaïeule : Ragot, par Dragon, P. S. A.

Saint-Lô : depuis 1902.

URUGUAY. — H. N.

B. 1898. — Manche.

Par *Marcelet* ou *Levraut*, 1/2 s. N., et *Mal-y-Pense*, P. S. A.,

par Atlantic.

Saint-Lô : 1902-1905. — Réformé le 1er août.

URVILLE. — H. N.

N. 1898. — Calvados.

Par *Harley*, 1/2 s. N., et *Mab*, par Cherbourg, 1/2 s. N.

Sa grand'mère : par Conquérant, 1/2 s. N.

Saint-Lô : depuis 1903.

URVILLE. — H. N.

B. 1898. — Calvados.

Par *Kamtchatka*, 1/2 s. N., et *Roulot*, par Ecarté, 1/2 s. N.

Sa grand'mère : par Vernix, 1/2 s. N. (approuvé).

Saint-Lô : 1902. — Mort le 22 avril.

URVILLE (accepté). — M. Dejean (Orne).

Al. 1899. — Orne.

Par *Fuschia*, 1/2 s. N., et *Camélia*, par Sir-Quid-Pigtail, P. S. A.,
ou Barrabas, 1/2 s. N.

Sa grand'mère : Cérès, par Urimesnil, 1/2 s. N.
Sa bisaïeule : N., par Palanquin, 1/2 s. N.
Sa trisaïeule : N., par Centaure, 1/2 s. N.
Sa quadrisaïeule : N., par Valdemar, 1/2 s. N.
5e degré : N., par Kramer, 1/2 s. N.

Le Pin : 1904. — Non représenté en 1905.

URVILLE II (approuvé). — M. Blier (Manche).

B. 1898. — Manche.

Par *Frondeur*, 1/2 s. N., et *Coquette*, par Quality, 1/2 s. N.

Sa grand'mère : Rapide, par Newton, 1/2 s. N.
Sa bisaïeule : par Violon, 1/2 s. N.

Saint-Lô : 1902-1905. — Réformé.

US. — H. N.

B. 1898. — Manche.

Par *Norodum*, 1/2 s. N.

Saint-Lô : depuis 1902.

USEUR, ex-**UPAS**. — H. N.

B. 1898. — Manche.

Par *Malaga*, 1/2 s. N., et *L'Etoile*, par Orphée, 1/2 s. N.

Sa grand'mère : Rosette, par Auguste, P. S. A.
Sa bisaïeule : Rosette, par Léotard, 1/2 s. N.

Saint-Lô : depuis 1902.

USTENSILE, ex-UPAS. — H. N.
Bb. 1898. — Orne.
Par.*Offenbach*, 1/2 s. N., et *Ida*, par Niger, 1/2 s. N.
Sa grand'mère : par Élu, 1/2 s. N.
Saint-Lô : depuis 1902.

USUFRUIT. — H. N.
B. 1898. — Manche.
Par *Harley*, 1/2 s. N., et *Perfection*, par Fred-Archer, 1/2 s. N.
Sa grand'mère : par Colporteur, 1/2 s. N.
Sa bisaïeule : par Lavater, 1/2 s. N.
Sa trisaïeule : par The Heir-of-Linne, P. S. A.
Le Pin : depuis 1902.

USUFRUIT (autorisé). — M. Sohier (Émile) (Manche).
B. 1898. — Manche.
Par *Harley*, 1/2 s. N., et *Ritournelle*, par Lavater, 1/2 s. N.
Sa grand'mère : Pastourelle, P. S. A.
Saint-Lô : depuis 1904.

UT. — H. N.
B. 1898. — Manche.
Par *Passe-Partout*, 1/2 s. N., et *Martine*, par Prickwillow, 1/2 s. A.
Sa grand'mère : Lisette, par Violent, 1/2 s. N.
Sa bisaïeule : Ragot, par Volta, 1/2 s N. (approuvé).
Saint-Lô : depuis 1902.

UTICAN. — H. N.
B. 1898. — Manche.
Par *Kronstadt*, 1/2 s. N., et *Charmante*, par Goudron, 1/2 s. N.
Sa grand'mère : La Petite, par Matinal, 1/2 s. N. (approuvé).
Saint-Lô : 1902. — Mort le 7 mars.

UTILE Ier, ex-UTILE. — H. N.
Bb. 1898. — Sarthe.
Par *Presbourg*, 1/2 s. N. (approuvé), et *Libertine*, par Edimbourg,
1/2 s. N.
Sa grand'mère : par Phaéton, 1/2 s. N.
Sa bisaïeule : par Inkermann, 1/2 s. N.
Saint-Lô : depuis 1902.

UTILE (approuvé). — M. Hubert (Pierre) (Manche).
B. 1898. — Manche.
Par *Kellermann*, 1/2 s. N., et *La Petite*, par Farnèse, 1 2 s. N.
Saint-Lô : depuis 1902.

UTILE (autorisé). — M. Gay (Seine-Inférieure).
Aub. 1898. — Normandie.
Par *Bainton-Rufus*, 1/2 s. A.
Le Pin : 1902. — Castré en 1903.

UTILE III, ex-**UTILE**. — H. N.
B. 1898. — Calvados.
Par *Pompei*, 1/2 s. N., et *Émeraude*, par Normand, 1/2 s. N.
Sa grand'mère : Préférence, par Y., 1/2 s. N.
Sa bisaïeule : Gertrude, par Bassompierre, 1/2 s. N.
Le Pin : 1902-1904. — Passé le 23 décembre au dépôt de Lamballe.

UTINAM (accepté). — M. Richer (Arthur) (Calvados).
B. 1898. — Calvados.
Par *Lance-à-Mort*, 1/2 s. N., et *Normande*, par Espoir, 1/2 s. N.
Saint-Lô : depuis 1904.

UT-MAJEUR (approuvé). — M. Ruault (Ch.) (Manche).
Al. 1898. — Orne.
Par *Nabucho*, 1/2 s. N., et *Grisette*, par Uriel, 1/2 s. N.
Sa grand'mère : par Niger, 1/2 s. N.
Saint-Lô : depuis 1903.

UTOPISTE. — H. N.
Bb. 1898. — Orne.
Par *Kiffis*, 1/2 s. N., et *Mirabelle*, par Dictateur, 1/2 s. N.
Sa grand'mère : par Niger, 1/2 s. N.
Saint-Lô : depuis 1902.

UTRECHT. — H. N.
N. 1898. — Calvados.
Par *Edimbourg*, 1/2 s. N., et *Paquerette*, par Hercule-Normand,
1/2 s. N.
Sa grand'mère : Aspasie, par Sir-Quid-Pigtail, P. S. A.
Saint-Lô : depuis 1902.

UVALDI. — H. N.
B. 1898. — Orne.
Par *Fuschia*, 1/2 s. N , et *Nymphe*, par Cherbourg, 1/2 s. N.
Sa grand'mère : Perce-Neige, P. S. A.
Saint Lô : depuis 1902.

UVERNET (approuvé). — M. Rousseau (Orne) ;
M. Barroué (Seine-et-Oise).
Al. 1898. — Normandie.
Par *Fuschia*, 1/2 s. N., et *Faustine*, par Serpolet-Bai, 1/2 s. N.

Sa grand'mère : Ran-ja-i-mé, par Kaolin, P. S. A.
Sa bisaïeule : N., par Gaulois, 1/2 s. N.
Le Pin : depuis 1904.

UZEL. — H. N.
Al. 1898. — Manche.
Par *Napoléon*, 1/2 s. N., et *Quintille*, par Jolibois, 1/2 s. N.

Sa grand'mère : par Colporteur, 1/2 s. N.
Sa bisaïeule : par Quitré, 1/2 s. N.
Le Pin : 1902-1905. — Réformé le 1er août.

UZERCHE, 1/2 s. N. (accepté). — M. Lecoispelier (Calvados).
B. 1898. Manche.
Par *Laurier*, 1/2 s. N., et *Quincesse*, par Sorcier, 1/2 s. N.

Sa grand'mère : par Ratapoil, 1/2 s. N. (approuvé).
Sa bisaïeule : par Lord, 1/2 s. N. (approuvé).
Saint-Lô : 1902. — Non représenté.

UZÈS. — H. N.
B. 1898. — Orne.
Par *James-Watt*, 1/2 s. N., et *Orsinie*, par Jouffroy ou Phaéton,
1/2 s. N.

Sa grand'mère : Joyeuse, par Valdempierre, 1/2 s. N.
Sa bisaïeule : Black-Capucine, par Niger, 1/2 s. N.
Sa trisaïeule : par Thésée ou The Norfolk-Phœnomenon, 1/2 s. A.
Sa quadrisaïeule : par Centaure, 1/2 s. N
5e degré : par Umber, 1/2 s. N.
6e degré : par Dupleix, 1/2 s. N.
7e degré : par Pilote, 1/2 s. N.
8e degré : par Bacha, P. S. Ar.
9e degré : par Glorieux, 1/2 s. N.
Le Pin : depuis 1902.

UZIAN. — H. N.

B. 1898. — Manche.

Par *Niais*, 1/2 s. N., et *Brunette*, par Farnèse, 1/2 s. N.

Sa grand'mère : La Petite, par Dartagnan, 1/2 s. N. (approuvé).
Sa bisaïeule : N., par Cydnus, 1/2 s. N. (approuvé).

Saint-Lô : depuis 1902.

VA-DE-BON-CŒUR (autorisé). — M. Lapie (Manche).

Al. 1892. — Manche.

Par *Harfleur*, 1/2 s. N., et *Finette*, par Thévlot, 1/2 s. N.

Saint-Lô : depuis 1897.

VA-DE-L'AVANT (approuvé). — M. Cabrol (Calvados).

Bb. 1899. — Calvados.

Par *Fuschia*, 1/2 s. N., et *Hébé III*, par Niger, 1/2 s. N.

Sa grand'mère : fille de Normand, 1/2 s. N.
Sa bisaïeule : Débutante, P. S. A., par Pretty-Boy.

Le Pin : depuis 1904.

VA-ET-VIENT. — H. N.

B. 1899. — Orne.

Par *Portici*, 1/2 s. N., et *La Duchesse*, par Cherbourg, 1/2 s. N.

Sa grand'mère : Néméa, par Noteur, 1/2 s. N.
Sa bisaïeule : Cocotte, par The Norfolk-Phœnomenon, 1/2 s. A.
Sa trisaïeule : La Poule, par Décembre, 1/2 s. N.

Le Pin : depuis 1903.

VAGABOND. — H. N.

B. 1899. — Manche.

Par *Intrépide*, 1/2 s. N., et *Gitana*, par Esbly, 1/2 s. N.

Sa grand'mère : Lisa, par Sénéchal, 1/2 s. N.
Sa bisaïeule : Sofie, par Mirliton, 1/2 s. N.
Sa trisaïeule : Mouzo, par Bravo, P. S. A.

Saint-Lô : 1903-1905. — Réformé le 1er août.

VAILLANT (accepté). — M. Bernou (Orne).

B. 1899. — Normandie.

Par *Omar*, 1/2 s. N.

Le Pin : 1903. — Non représenté.

VAINQUEUR (approuvé). — M. Lereculey (Manche).
B. 1900. — Manche.
Par *Quelquefois*, 1/2 s. N., et *Follette*, par Patrice, 1/2 s. N.
Sa grand'mère : Lisette, par Renold, 1/2 s. N. (approuvé).
Saint-Lô : depuis 1904.

VAIRE, ex-**VOLTAIRE**. — H. N.
B. 1899. — Manche.
Par *Marcelet*, 1/2 s. N., et *Coquette*, par Héritier, 1/2 s. N.
Sa grand'mère : Rappel, par Ussel, 1/2 s. N.
Sa bisaïeule : par Institut, 1/2 s. N.
Le Pin : depuis 1903.

VAL-DE-SÉE (approuvé). — M. Richard (Paul), 1889;
M. Richard (F.), 1900 (Manche).
Al. 1885. — Manche.
Par *Shamrock*, 1/2 s. A., et *Coquette*, par Piston, P. S. A.
Sa grand'mère : par Peuplier, 1/2 s. N.
Sa bisaïeule : par Hélios, 1/2 s. N.
Saint-Lô : depuis 1889.

VALENCOURT II. — H. N.
B. 1899. — Orne.
Par *Fuschia*, 1/2 s. N., et *Fauvette II*, par Phaéton, 1/2 s. N.
Sa grand'mère : Juliana, par Élu, 1/2 s. N.
Sa bisaïeule : Voyageuse, par Gaulois, 1/2 s. N.
Sa trisaïeule : Brillante, par Jéricko, 1/2 s. N.
Sa quadrisaïeule : Ida, par Basly, 1/2 s. N.
Le Pin : depuis 1903.

VALÈRE (approuvé). — M. Lereculey (Manche).
[Vendu pour 1904 a M. Voisin (Calvados) qui l'a revendu sans lui
avoir fait faire la monte en 1904].
B. 1899.
Par *Mahomet*, 1/2 s. N.
Saint-Lô : 1903. — Non représenté.

VALET-DE-PIQUE. — H. N.
Bb. 1899. — Manche.
Par *Nanan*, 1/2 s. N., et *Olive*, par Volte-Face, 1/2 s. N.
Sa grand'mère : Bichette, par Ussy, 1/2 s. N.
Sa bisaïeule : Papillon, par Trésorier, 1/2 s. N.
Sa trisaïeule : Bijou, par Sancho, 1/2 s. N. (approuvé).
Saint-Lô : depuis 1903.

VALMY. — H. N.
N. 1899. — Manche.
Par *Quarteron*, 1/2 s. N., et *Madelaine*, par Gourmet, 1/2 s. N.
Le Pin : 1903-1904. — Réformé le 3 août.

VALOIS (approuvé). — M. Desgranges (Manche).
Al. 1899. — Calvados.
Par *James-Watt*, 1/2 s. N., et *Onglette*, par Cherbourg, 1/2 s. N.

Sa grand'mère : Finance, par Niger, 1/2 s. N.
Sa bisaïeule : Miss-Pierce, par Succès, 1/2 s. N.
Sa trisaïeule : Lady-Pierce, jument américaine.
Saint-Lô : depuis 1903.

VALPARAISO. — H. N.
B. 1899. — Nièvre.
Par *Jaguar*, 1/2 s. N., et *Dona-Sol*, ex-*Dame-de-Cœur*,
par Valdempierre, 1/2 s. N.
Sa grand'mère : Mademoiselle-de-Champoussol, par Phaéton,
1/2 s. N.
Le Pin : 1903-1904.
Passé le 31 décembre au service de l'École.

VALSEUR (approuvé). — M. Chatel (Orne).
Bb. 1899. — Normandie.
Par *Narquois*, 1/2 s. N., et *Quinte*, par Harley, 1/2 s. N.

Sa grand'mère : Irma, par Lavater, 1/2 s. N.
Sa bisaïeule : N., par The Heir-of-Linne, P. S. A.
Sa trisaïeule : N., par Bamboula, 1/2 s. N.
Le Pin 1904. — Réformé en 1905.

VAN-DYCK. — H. N.
B. 1899. — Orne.
Par *Offenbach*, 1/2 s. N., et *Diane*, par Edimbourg, 1/2 s. N.
Sa grand'mère : Capucine, par Phaéton, 1/2 s. N.
Saint-Lô : 1903. — Réformé le 10 août.

VANTARD. — H. N.
B. 1899. — Orne.
Par *Offenbach*, 1/2 s. N., et *La Grasse*, par Valencourt, 1/2 s. N.
(approuvé).
Sa grand'mère : par Serpolet-Bai, 1/2 s. N.
Saint-Lô : depuis 1903.

VANTARD (accepté). — M. Etienne (Pierre) (Manche).
Bb. 1899. — Manche.
Par *Nisho*, 1/2 s. N., et *Perfectionnée*, par Caprara, 1/2 s. N.
Sa grand'mère : Bijou, par Alsacien, 1/2 s. N.
Sa bisaïeule : par Romano, 1/2 s. N.
Saint-Lô : 1903. — Non représenté.

VA-NU-PIEDS. — H. N.
B. 1899. — H. N.
Par *Jockey*, 1/2 s. N.
Saint-Lô : 1903-1905. — Réformé le 1er août.

VAR. — H. N.
Al. 1899. — Manche.
Par *Quiloa*, 1/2 s. N.
Saint-Lô : depuis 1903.

VARIABLE, ex-VAUTOUR. — H. N.
Al. 1899. — Manche.
Par *Norodum*, 1/2 s. N., et *Riquette*, par Jolibois, 1/2 s. N.
Sa grand'mère : Brebis, par Fournichon, 1/2 s. N.
Sa bisaïeule : par Egesippe, 1/2 s. N.
Le Pin : depuis 1903.

VASEUR, ex-VALSEUR. — H. N.
B. 1899. — Orne.
Par *Nabucho*, 1/2 s. N., et *Cufcïne*, par Café, 1/2 s. N.
Sa grand'mère : Volante, par Beaumanoir, 1/2 s. N.
Le Pin : depuis 1903.

VASISTAS (accepté). — M. Le Marchand (Manche).
B. 1899. — Manche.
Par *Farnèse*, 1/2 s. N., et *Parfaite*, par Utrecht, 1/2 s. N.
Sa grand'mère : Mouvette, par Romano, 1/2 s. N.
Saint-Lô : 1903. — Non représenté.

VA-SI-TU-VEUX. — H. N.

B. 1899. — Manche.

Par *Harley*, 1/2 s. N., et *Nakaïra*, par Reynolds, 1/2 s. N.

Sa grand'mère : Mandarine, par The Heir-of-Linne, P. S. A.
Sa bisaïeule : Scolopante, par Succès, 1/2 s. N.
Sa trisaïeule : Poulot, par Corsair, 1/2 s. A.
Sa quadrisaïeule : Bijou, par Hébreu, 1/2 s. N.

Saint Lô : depuis 1904.

VAUBANOT, ex-VAUBAN. — H. N.

B. 1899. — Orne.

Par *Presbourg*, 1/2 s. N. (approuvé), et *Ostende*, par Cherbourg,
1/2 s. N.

Sa grand'mère : Georgina, par Trouville, 1/2 s. N.
Sa bisaïeule : par Séducteur, 1/2 s. N.
Sa trisaïeule : par Aï, 1/2 s. N.

Le Pin : depuis 1903.

VAUCOUL, ex-VAUCOULEURS, ex-PAPILLON.
H. N.

Al. 1899. — Manche.

Par *Lavabo*, 1/2 s. N., et *Bijou*, par Valentin, 1/2 s. N.

Sa grand'mère : Lisette, par Percy, 1/2 s. N. (approuvé).

Le Pin : 1903. — Réformé le 8 décembre.

VAUCRAS, ex-VAUCRESSON. — H. N.

Al. 1899. — Manche.

Par *Farnèse*, 1/2 s. N., et *Mouvette*, par Richard, 1/2 s. N.

Sa grand'mère : Brunette, par Pétrarque, 1/2 s. N.
Sa bisaïeule : Flambeau, par Quickly, 1/2 s. N.
Sa trisaïeule : Blanc-Pied, par Essence, 1/2 s. N.

Saint-Lô : depuis 1903.

VAUCROS, ex-VAUCRESSON. — H. N.

Al. 1899. — Orne.

Par *Juvigny*, 1/2 s. N., et *Cornélie*, par Usquebac, 1/2 s. N.

Sa grand'mère : Georgette, par Quiclet, 1/2 s. N.
Sa bisaïeule : par Lucain, 1/2 s. N
Sa trisaïeule : Delphine, par William, P. S. A.
Sa quadrisaïeule : L'Héraclius, par Héraclius, 1/2 s. N.

Le Pin : depuis 1903.

VAUTRAIN. — H. N.
B. 1899. — Manche.
Par *Norodum*, 1/2 s. N.
Le Pin : depuis 1903.

VAUVRAY, ex-**VOUVRAY**. — H. N.
Bb. 1899. — Orne.
Par *Quintal*, 1/2 s. N., et *Quine*, par Edimbourg, 1/2 s. N.
Sa grand'mère : Paquerette, par Ciceron II, 1/2 s. N.
Saint-Lô : depuis 1903.

VÉGÈS. — H. N.
B. 1899. — Manche.
Par *Kilburn*, 1/2 s. N., et *Quintuple*, par Farnèse, 1 2 s. N.
Sa grand'mère : Charlotte, par Hysope, 1/2 s. N.
Sa bisaïeule : par Pont-à-Mousson, 1/2 s. N. (approuvé).
Saint-Lô : 1903-1905. — Réformé le 1er août.

VELASQUEZ. — H. N.
B. 1899. — Orne.
Par *Offenbach*, 1/2 s. N., et *Bonne-Fille*, P. S. A., par Carafon.
Saint-Lô · 1903-1904. — Réformé le 5 août.

VELMY, ex-**VALMY**. — H. N.
B. 1899. — Orne.
Par *Quintal*, 1/2 s. N., et *Reinette*, par Kasbath, 1/2 s. N.
Sa grand'mère : Irma, par Vermouth, P. S. A. (approuvé).
Saint-Lô : 1903. — Réformé le 10 août.

VELO. — H. N.
B. 1899. — Manche.
Par *Marcelet*, 1/2 s. N., et *Ravière*, par Follet, 1/2 s. N.
Sa grand'mère : Rosette, par Aristocrate, 1/2 s. N
Sa bisaïeule : Pensez, par Qu'en-Pensez-Vous ? 1/2 s. N.
Saint-Lô : depuis 1903.

VENDOME (accepté). — M. Bousset (Hyacinthe) (Manche).
B. 1899. — Manche.
Par *Quercy*, 1/2 s. N., et *Quatre-Route*, par Alsacien, 1/2 s. N.
Sa grand'mère : Charmante, par Orphée, 1/2 s. N.
Sa bisaïeule : Cocotte, par Séduisant, 1/2 s. N.
Sa trisaïeule : par Rivoli, 1/2 s. N.
Saint-Lô : 1903. — Non représenté.

VENEUR Ier. — H. N.
B. 1899. — Orne.
Par *Portici*, 1/2 s. N., et *Quenouille*, par Nabucho, 1/2 s. N.
Sa grand'mère : Flanelle, par Valdempierre, 1/2 s. N.
Saint-Lô : 1903-1904. — Réformé le 5 août.

VENEZ-Y. — H. N.
B. 1899. — Manche.
Par *Osborne*, 1/2 s. N., et *Mouvette*, par Schiller, 1/2 s. N.
Sa grand'mère : Sophie, par Intact, 1/2 s. N.
Saint-Lô : depuis 1903.

VENGEZ, ex-**VENGEUR**. — H. N.
B. 1899. — Manche.
Par *Oison*, 1/2 s. N., et *Mouvette*, par Défendu, 1/2 s. N.
Saint-Lô : depuis 1903.

VENT-ARRIÈRE. — H. N.
B. 1899. — Orne.
Par *Moonlighter*, 1/2 s N. (approuvé), et *Messagère*,
par Cherbourg, 1/2 s. N.

Sa grand'mère : Colombine, par Niger, 1/2 s. N.
Sa bisaïeule · Rachel, par Taconnet, 1/2 s. N.
Sa trisaïeule : par Esculape, 1/2 s. N.
Sa quadrisaïeule : par Saklawi, P. S. Ar.

Le Pin : 1903-1904. — Réformé le 3 août.

VENTOUR, ex-**VAUTOUR**. — H. N.
Bb. 1899. — Manche.
Par *Kaïn*, 1/2 s. N., et *Lisette*, par Hernandez, 1/2 s. N.
Sa grand'mère : La Poule, par Pancrace, 1/2 s. N.
Saint-Lô : 1903. — Mort le 3 avril.

VENTRE-GRIS, ex-**VENTRE-SAINT-GRIS**. — H. N.
B. 1899. — Manche.
Par *Prince-Noir*, 1/2 s. N. (approuvé), et *Castille*, par Fulminant,
1/2 s. N.
Sa grand'mère : Rosa, par Victorieux, 1/2 s. N.
Sa bisaïeule : N., par Perfection, 1/2 s. N.
Saint-Lô : depuis 1903.

VERCINGÉTORIX. — H. N.
Al. 1899. — Orne.

Par *Portici*, 1/2 s. N , et *Eglantine*, par Cherbourg, 1/2 s. N.

Sa grand'mère : Orange, par Idus, P. S. A.
Sa bisaïeule : par Y. Volunteer, 1/2 s. A.

Le Pin : depuis 1904.

VERCINGÉTORIX. — H. N.
Bb. 1899. — Manche.

Par *Pauillac*, 1/2 s. N., et *Résistance*, par Malaga, 1/2 s. N.

Sa grand'mère : Espérance. par Espoir, 1/2 s. N.
Sa bisaïeule : Gazelle, par Vautour, 1/2 s. N.
Sa trisaïeule : Sara, par Ray-Grass, 1/2 s. N.
Sa quadrisaïeule : Charlotte, par Jarnac, 1/2 s. N.
5e degré : Martin, par Karbout, 1/2 s. N.

Saint-Lô : depuis 1903.

VERDICT. — H. N.
N. 1899. — Manche.

Par *Quiloa*, 1/2 s. N., et *Brunette*, par Follet ou Frondeur, 1/2s. N.

Sa grand'mère : Paquerette, par Utrecht, P. S. A.
Sa bisaïeule : Charmante, par El Ghor, P. S. Ar.
Sa trisaïeule : Hussein, par Hussein, 1/2 s. N.

Saint-Lô : depuis 1903.

VERDUNET, ex-**VERDUN**. — H. N.
Al. 1899. — Eure.

Par *Echo*, 1/2 s. N., et *Palestine*, par Qu'y-met-on, 1/2 s. N.

Sa grand'mère : Elizabeth, P. S. A.

Le Pin : 1903-1905. — Réformé le 31 août.

VERLUISANT. — H. N.
Al. 1899. — Orne.

Par *Fuschia*, 1/2 s. N., et *Eglantine II*, par Niger, 1/2 s. N.

Sa grand'mère : Clémentine, par Merlerault, 1/2 s. N.
Sa bisaïeule : par William, P. S. A.
Sa trisaïeule : par Stoker, P. S. A.

Le Pin : depuis 1904.

VERMANDOIS, ex-**VERMOUTH**. — H. N.
B. 1899. — Manche.
Par *Nigaud* ou *Bariolet*, P. S. A., et *Lisette*, par Ray-Grass,
1/2 s. N.
Sa grand'mère : Bella, par Jarnac, 1/2 s. N.
Sa bisaïeule : Poulot, par Bel-Espoir, 1/2 s. N. (approuvé).
Saint-Lô : depuis 1903.

VERMEIL. — H. N.
Al. 1899. — Orne.
Par *Narcisse*, 1/2 s. N., et *Olga*, par Qu'y-Met-On ? 1/2 s. N.
Sa grand'mère : Cantatrice, par Elu, 1/2 s. N.
Saint-Lô : depuis 1903.

VERNET. — H. N.
B. 1899. — Orne.
Par *Fuschia*, 1/2 s. N., et *Lira*, par Cherbourg, 1/2 s. N.
Sa grand'mère : Perce-Neige, P. S. A., par Zut.
Saint-Lô: depuis 1903.

VERNIX (accepté). — M. Levavasseur (Manche).
B. 1899. — Manche.
Par *Ney*, 1/2 s. N., et *Bijou*, par Contrôleur, 1/2 s. N.
Sa grand'mère : Mortain, par Betting, 1/2 s. N.
Saint-Lô : 1903. — Non représenté.

VERSEUR, ex-**VALSEUR**. — H. N.
N. 1899. — Manche.
Par *Kronstadt*, 1/2 s. N., et *Bergère*, par Kamichi, 1/2 s. N.
Sa grand'mère : Rosette, par Kabin, 1/2 s. N.
Saint-Lô : 1903. — Mort le 15 juillet.

VERTUCHOUX, ex-**VERT-GALANT**. — H. N.
B. 1899. — Manche.
Par *Leibnitz*, 1/2 s. N., et *Lisa*, par Stern, 1/2 s. N.
Sa grand'mère : La Pelote, par Beaumanoir, 1/2 s. N.
Sa bisaïeule : par Aretin, 1/2 s. N. (approuvé).
Saint-Lô : 1903-1905. — Réformé le 1er août.

VERTY, ex-**VERT-GALANT**. - H. N.
Bb. 1899. — Manche.
Par *Norodum*, 1/2 s. N., et *Castille*, par Betting, 1/2 s. N.
Sa grand'mère : Margot, par Velasquez, 1/2 s. N.
Saint-Lô : depuis 1903.

VERY, ex-**VILLARS**. — H. N.
B. 1899. — Manche.
Par *Nemours*, 1/2 s. N., et *Lisette*, par Houspignolles, 1/2 s. N.
Sa grand'mère : Brebis, par Canut, 1/2 s. N.
Sa bisaïeule : par Vanikoro, 1/2 s. N.
Saint-Lô : 1903-1904. — Réformé le 5 août.

VESPER. — H. N.
Al. 1899. — Orne.
Par *Orient*, 1/2 s. N., et *Noblesse*, par Cherbourg, 1/2 s N.
Sa grand'mère : Duègne, par Lavater, 1/2 s N.
Sa bisaïeule : Harriet, P. S. A., par Charlatan.
Le Pin : depuis 1903.

VÉSUVE. — H. N.
B. 1899. — Orne.
Par *Pompéi*, 1/2 s. N., et *Nuvette*, par Élan, 1/2 s. N.
Sa grand'mère : par Valdempierre, 1/2 s. N.
Saint-Lô : depuis 1903.

VIADUC, ex-**VULCAIN**. — H. N.
B. 1899. — Orne.
Par *Oran*, 1/2 s. N., et *Minerve*, par Édimbourg, 1/2 s. N.
Sa grand'mère : Fleur de Neige, par Quiclet, 1/2 s. N.
Sa bisaïeule : par Palanquin, 1/2 s. N.
Saint-Lô : depuis 1903.

VIBORG (approuvé). — M. Renault (Manuel) (Manche).
B. 1899. — Orne.
Par *Nabucho*, 1/2 s. N., et *Éclipse*, par Beaugé, 1/2 s. N.
Sa grand'mère : par Vichnou, P. S. A.
Saint-Lô : depuis 1905.

VICOMTE-NOIR (approuvé). — M. Guillerme (Manche).
N. 1899. — Manche.
Par *Harley*, 1/2 s. N., et *Javotte*, par Lavater, 1/2 s. N.
Sa grand'mère : Étincelle, par Garibaldi, 1/2 s. N.
Saint-Lô : 1904. — Non représenté.

VICTORIEUX (approuvé). — M. Ballière, 1903 (Calvados) ;
M. Lebeurrier, 1904 (Manche).
B. 1899. — Manche.
Par *Fontenay*, 1/2 s. N., et *Péelite*, par Ministère, P. S. A.
Saint-Lô : depuis 1903.

VIDE-POCHES. — H. N.
Bb. 1899. — Calvados.
Par *Juvigny*, 1/2 s. N., et *Jeanne-de-Nivelle*,
par Baptiste-Lemore, 1/2 s. N.
Sa grand'mère : Paquerette, par Liberator, 1/2 s. A.
Sa bisaïeule : par Tay-Mouth, P. S. A.
Saint-Lô : depuis 1903.

VIER, ex-**ÉPERVIER**. — H. N.
B. 1899. — Orne.
Par *Nabucho*, 1/2 s. N., et *Jonquille*, par Dictateur, 1/2 s. N.
(approuvé).
Sa grand-mère : Tontine, par Eclipse, 1/2 s. N. (approuvé).
Saint-Lô : 1903. — Réformé le 10 août.

VIERVILLE. — H. N.
B. 1899. — Manche.
Par *Harley*, 1/2 s. N., et *Irma*, par Lavater, 1/2 s. N.
Sa grand'mère : Espérance, par The Heir-of-Linne, P. S. A.
Sa bisaïeule : par Bamboula, 1/2 s. N.
Le Pin : 1903-1904.
Passé le 31 décembre aux chevaux de service.

VIF-ARGENT (approuvé).
M. Lesénécal, 1881 ; M. Pierre, 1886 (Calvados).
B. 1877. — Manche.
Par *Ignoré*, 1/2 s. N., et une fille de Pater, 1/2 s. N.
Sa grand'mère : par Egésippe, 1/2 s. N.
Saint-Lô : 1881-1901.

VIGILANT. — H. N.
B. 1899. — Sarthe.

Par *Fuschia*, 1/2 s. N., et *Javeline*, par Phaéton, 1/2 s. N.
Sa grand'mère : Fleur-de-Genêt, par Gall, 1/2 s. N.
Sa bisaïeule : Belle-de-Jour, par Inkermann, 1/2 s. N.
Sa trisaïeule : par Tipple-Cider, P. S. A.
Sa quadrisaïeule : par Eylau, P. S. A.-Ar.

Le Pin : depuis 1903.

VIGNOBLE. — H. N.
Bb. 1899. — Manche.

Par *Laurier*, 1/2 s. N., et *Riquette*, par Miracle, 1/2 s. N.
Sa grand'mère : Lisette, par Sorcier, 1/2 s. N.
Sa bisaïeule : La Pelote, par Daniel, 1/2 s. N. (approuvé).

Saint-Lô : 1903-1905. — Réformé le 1er août.

VIGOUREUX. — M. Février (Pierre) (Manche).
Bb. 1890. — Manche.

Par *Guerroyeur*, 1/2 s. N., et *Lisette*, par Avantin, 1/2 s. N.
Sa grand'mère : Finette, par Peuplier, 1/2 s. N.
Sa bisaïeule : Lisette, par Hélios, 1/2 s. N.
Sa trisaïeule : Mignonne, par Gallois, 1/2 s. N.

Saint-Lô : depuis 1894.

VILLARS. — H. N.
B. 1899. — Orne.

Par *Offenbach*, 1/2 s. N., et *Quassia*, par Truman's-Bardolph,
1/2 s. A.
Sa grand'mère : Pigtaline, par Sir-Quid-Pigtail, P. S. A.

Saint-Lô : depuis 1903.

VILLERS. — H. N.
B. 1899. — Calvados.

Par *Prétorien*, 1/2 s. N., et *Papillon*, par Union-Jack, 1/2 s. N.
Sa grand'mère : Bijou, par Sobriquet, 1/2 s. N.

Saint-Lô : depuis 1903.

VINCI. — H. N.
Al. 1899. — Orne.

Par *Quibus*, 1/2 s. N., et *Janthine*, par Beaugé, 1/2 s. N.
Sa grand'mère : Espérance, par Abrantès, 1/2 s. N.

Saint-Lô : 1903-1905. — Réformé le 1er août.

VINDAS. — H. N.
Bb. 1899. — Manche.
Par *Nerf* ou *Oracle*, 1/2 s. N., et *Palmyre*, par Esbly, 1/2 s. N.
Sa grand'mère : Lapin, par Réservé, 1/2 s. N. (approuvé).
Sa bisaïeule : par Guelfe, 1/2 s. N. (approuvé).
Saint-Lô : depuis 1903.

VINOC, ex-**VISITEUR**. — H. N.
B. 1899. — Calvados.
Par *Nickel*, 1/2 s. N., et *Bonne-Fille*, par Utique, 1/2 s. N.
Sa grand'mère : par Glorieux, 1/2 s. N.
Saint-Lô : 1903. — Réformé le 10 août.

VIOLENT (approuvé). — M. Cornille (Louis) (Manche).
B. 1899. — Manche.
Par *Malaga*, 1/2 s. N., et *Favorite*, par Idoménée, 1/2 s. N.
Sa grand'mère : Novice, par Quality, 1/2 s. N.
Saint-Lô : depuis 1904.

VIROT, ex-**VICE-ROI**. — H. N.
Al. 1899. — Orne.
Par *James-Watt*, 1/2 s. N., et *Hélène*, par Gabier, P. S. A.
Sa grand'mère : Lutine, par Usquebac, 1/2 s. N.
Le Pin : 1903-1905. — Réformé le 1er août.

VISCONTI. — H. N.
B. 1899. — Orne.
Par *Questeur*, 1/2 s. N., et *Quine*, par Kirsch, 1/2 s. N.
Sa grand'mère : Grisolette, par Usquebac, 1/2 s. N.
Saint-Lô : depuis 1903.

VIVAT. — H. N.
Al. 1899. — Orne.
Par *Narcisse*, 1/2 s. N., et *Railleuse*, par Kiffis, 1/2 s. N.
Sa grand'mère : Jaseuse III, par Beaugé, 1/2 s. N.
Sa bisaïeule : par Gaulois, 1/2 s. N.
Le Pin : depuis 1903.

VOBISCUM. — H. N.
Al. 1899. — Orne.
Par *Novice*, 1/2 s. N., et *Querula*, par Lobau, 1/2 s. N.
Sa grand'mère : Kalouga, par Cambronne, 1/2 s. N.
Saint-Lô : depuis 1903.

VOLAGE, ex-**VALMY**. — H. N.
R. 1899. — Calvados.
Par *Philibert*, 1/2 s. N., et *Lisette*, par Mahomet II, 1/2 s. N.
Saint-Lô : depuis 1903.

VOLANT, ex-**VAILLANT**. — H. N.
Bb. 1899. — Orne.
Par *Lignières*, 1/2 s. N., et *Soumise*, par Ingambe, 1/2 s. N.
Sa grand'mère : Fillette, par Optimé, 1/2 s. N.
Sa bisaïeule : par Utel, 1/2 s. N.
Le Pin : depuis 1903.

VOLEUR (accepté). — M. Leteinturier (Manche).
B. 1899. — Manche.
Par *Robuste*, 1/2 s. N.
Saint-Lô : depuis 1903.

VOLGA (approuvé). — M. Richard (Paul) (Manche).
Al. 1899. — Sarthe.
Par *Juvigny*, 1/2 s. N., et *Flore*, par Boissy, P. S. A.
Sa grand'mère : par Urus, 1/2 s. N.
Saint-Lô : depuis 1903.

VOLNAY. — H. N.
B. 1899. — Orne.
Par *Portici*, 1/2 s N., et *Olympe*, par Krakatoa, P. S. A.
Sa grand'mère : Isabelle, par Valdempierre, 1/2 s. N.
Saint-Lô : depuis 1903.

VOYAGEUR. — H. N.
Al. 1899. — Calvados.
Par *Orient*, 1/2 s. N., et *Quêteuse*, par Louis-d'Or, 1/2 s. N.
Sa grand'mère : Lisette, par Panique, 1/2 s. N.
Sa bisaïeule : par Bayard, 1/2 s. N.
Sa trisaïeule : par Neptune, 1/2 s. N.
Le Pin : depuis 1903.

VRAI-TYPE. — H. N.
B. 1899. — Manche.
Par *Nandy*, 1/2 s. N., et *Barbotte*, par Vendu, 1/2 s N
Sa grand'mère : Brebis, par Tancrède, 1/2 s. N.
Sa bisaïeule : par Jean-Bart, 1/2 s. N.
Saint-Lô : 1903-1904. — Réformé le 5 août.

VULCAIN. — H. N.
B. 1899. — Orne.
Par *Quibus*, 1/2 s. N., et *La Force*, par Cherbourg, 1/2 s. N.
Sa grand'mère : Dwina, par Serpolet-Bai, 1/2 s. N.
Saint-Lô : depuis 1903.

WATERLOO (accepté). — M. de Panthou (Manche).
B. 1899. — Manche.
Par *Neuilly*, 1/2 s. N., et *Hirondelle*, par Fontenay, 1/2 s. N.
Sa grand'mère : Pastourelle, P. S. A.
Saint-Lô : 1903. — Non représenté.

XÉNOPHON (approuvé).
Mme Merlin (Seine-Inférieure).
N. 1895. — France.
Par *Ilote* ou *Cicéron II*, 1/2 s. N., et une fille de *Serviteur*,
1/2 s. N.
Le Pin : 1901.

2⁰

ÉTALONS

IMPORTÉS DANS LES CIRCONSCRIPTIONS DU PIN

ET DE SAINT-LO.

(1902-1905)

ETALONS

Importés dans les Circonscriptions du Pin et de Saint-Lô.

ALL-FOURS III, 1/2 s. A. — H. N.
B. 1891. — Angleterre.
Par *Vigourous*, 1/2 s. A., et une fille de Confidence, 1/2 s. **A.**
Le Pin : depuis 1895.

AMBITIOUS-BOY, 1/2 s. A. (approuvé).
M. Le Marchand (Manche).
B. 1889. — Angleterre.
Par *Lord-Bardolf*, 1/2 s. A., et *N.*, par Lord-of-the-Manor,
1/2 s. A.
Saint-Lô : depuis 1893.

BAINTON-RUFUS, 1/2 s. A. — H. N.
Al. 1891. — Angleterre.
Par *Rufus*, 1/2 s. A., et une fille de Denmark, 1/2 s. A.
Le Pin : depuis 1895.

BONHEUR, 1/2 s. Am. (approuvé). — M. Rousseau (Orne).
B. 1897. — Amérique.
Par *Cash* et *Bosque-Bonita*, par Thomas K.
Le Pin : 1904. — Réformé en 1905.

BRISLEY-GENTLEMAN, 1/2 s. Norf.-A. — H. N.
N. 1896. — Angleterre.
Par *Mephisto* et *Annie*, par Conséquence.
Le Pin : 1901-1905. — Réformé le 1er août.

BURY-SQUIRE, 1/2 s. Norf.-A. — H. N.
Al. 1895. — Angleterre. — Importé en 1899.
Par *Vigorous*, 1/2 s. Norf.-A., et *Bury-Candry*, 1/2 s. Norf,
par Candidate, 1/2 s. Norf.-A.
Le Pin : 1899-1904. — Mort le 11 juillet.

BURY-STANLEY, 1/2 s. A. — H. N.
B. 1891. — Angleterre.
Par *Silver-Cross*, et *Bury-Candy*, par Candidate.
Le Pin : 1897-1904. — Réformé le 3 août.

CAMBLESFORTH-ROSADOR, 1/2 s. Norf. — H. N.
Al. 1900. — Angleterre.
Par *Rosador*, 1/2 s. Norf., et *Camblesforth-Princess*, 1/2 s. Norf.
Le Pin : depuis 1904.

CORNCRAKE, 1/2 s. A. — H. N.
Al. 1892. — Angleterre.
Par *Confidence*, 1/2 s. A., et *Jessie*, par Norfolk-Jack, 1/2 s. A.
Le Pin : depuis 1897.

CULLINGWORTH, 1/2 s. A. — H. N.
Al. 1896. — Angleterre.
Par *Ganymède*, 1/2 s. A., et *N.*, par Robin-Adair, 1/2 s. A.
Le Pin : depuis 1903.

EXCHEQUER, 1/2 s. A. — H. N.
N. 1888. — Angleterre.
Par *Excelsior*, P. S. A., et *Griselle*, par Norfolk-Gentleman,
1/2 s. A.
Le Pin : 1893-1902. — Réformé le 22 août.

FORESTER, 1/2 s. A. — H. N.
Al. 1888. — Angleterre.
Par *Tufthunter*, 1/2 s. A., et *Entreprise*, par Confidence, 1/2 s. A.
Le Pin : depuis 1894.

FREE-LANCE, 1/2 s. A. — H. N.
Al. 1891. — Angleterre.
Par *Golden-Star*, 1/2 s. A., et une fille de Third-Sir-Charles, 1/2 s. A.
Le Pin : 1895-1903. — Réformé le 10 août.

GAY-DANEGELT, 1/2 s. A. — H. N.
Al. 1895. — Angleterre.
Par *Danegelt* et *Genista*.
Le Pin : depuis 1900.

GLENCAIRN, 1/2 s. A. — H. N.
B. 1892. — Angleterre.
Par *Astronomer-Royal* et *Lady-Ossington*.
Le Pin : depuis 1900.

MASTER-OF-ALBANY, 1/2 s. A. — H. N.
Al. 1899. — Angleterre.
Le Pin : depuis 1905.

MAY-KING, 1/2 s. A. — H. N.
Al. 1899. — Angleterre.
Par *His-Majesti*, 1/2 s. A., et *N.*, par Wild-Fire, 1/2 s. A.
Le Pin : depuis 1903.

MERRY-CONNAUGHT, 1/2 s. Norf. — H. N.
Al. 1899. — Angleterre.
Par *Royal-Danegelt*, 1/2 s. Norf., et *Garton-Duchess-of-Connaught*,
1/2 s. Norf.
Le Pin : depuis 1904.

MESSENGER, 1/2 s. Norf.-A. — H. N.
Al. 1895. — Angleterre. — Importé en 1899.
Par *Captivator*, 1/2 s. Norf.-A., et *Godleaf*, 1/2 s. A.,
par Pioneer, 1/2 s. A.
Le Pin : depuis 1899.

PHAX, 1/2 s. Am. (autorisé). — M. Crinon (Seine-et-Oise).
B. 1888. — Amérique.
Par *Burnette* et *Margery*.
Le Pin : depuis 1904.

Hack. S. B. n° 6527.

RED-HOT-SHOT, 1/2 s. A. — H. N.
Ro. 1893. — Angleterre. — Importé en 1898.
Le Pin : 1898-1903. — Réformé le 10 août.

RESOLUTION III, 1/2 s. A. — H. N.
B. 1893. — Angleterre.
Par *Beauclerc* et *Annie*, par County-Member.
Le Pin : 1897-1903. — Réformé le 10 août.

SEDGEFORD-PERFORMER, 1/2 s. A. — H. N
Al. 1898. — Angleterre.
Par *Trapèze*, 1/2 s. A., et *Chance*, par Ambition, 1/2 s. A.
Le Pin : depuis 1902.

STARBOROUGH, 1/2 s. A. — H. N.
Al. 1887. — Angleterre.
Le Pin : 1894-1904. — Réformé le 3 août.

SUFFOLK-SHOT, 1/2 s. Norf. — H. N.
Ro. 1900. — Angleterre. — Importé en 1904.
Par *Noble-Shot*, 1/2 s. Norf., et *Rebound*, 1/2 s. Norf.
Le Pin : depuis 1904.

TALENNE, 1/2 s. — H. N.
B. 1897. — Allier.
Par *Fuschia*, 1/2 s. N., et *La Loire*, par Habile, 1/2 s.
Sa grand'mère : Trottefort, par Quinte-Curie, 1/2 s. N.
Le Pin : depuis 1902.

THE MOOR, 1/2 s. A. — H. N.
Al. 1895. — Angleterre. — Importé en 1901.
Par *Ganymède* et *May-Blossom*, par Vigorous.
Le Pin : depuis 1901.

TRAPÈZE, 1/2 s. Norf.-A. — H. N.
Al. 1894. — Angleterre. — Importée en 1899.
Par *Agility*, 1/2 s. Norf.-A., et *Bounce*, 1/2 s. Norf.-A.,
par Great-Shot, 1/2 s. Norf.-A.
Le Pin : depuis 1899.

TRUMAN'S-BARDOLPH, 1/2 s. A. — H. N.
Al. 1888. — Angleterre.
Par *Lord-Bardolph*, 1/2 s. A., et *Benwick-Sowel*,
par Lord-of-The-Manor, 1/2. s. A.
Le Pin : depuis 1893.

VESPER, 1/2 s. A. — H. N.
Ro. 1885. — Angleterre.
Par *Roan-Confidence* et *Hurdle*.
Le Pin : 1890-1902. — Réformé le 22 août.

VINCENNES, 1/2 s. — H. N.
Al. 1899. — Eure-et-Loir.
Par *Juvigny*, 1/2 s. N., et *Quick*, par Fuschia, 1/2 s. N.
Sa grand'mère : La Risle, par Copenhague, 1/2 s. N.,
et La Normandie, jument anglaise.
Saint-Lô : 1903-1904. — Réformé le 5 août.

VOLAPÜCK, 1/2 s. — H. N.
B. 1899. — Loir-et-Cher.
Par *Nez*, 1/2 s. N., et *Houlette*, par General-Grant, 1/2 s. Am.
Sa grand'mère : par Fidèle-au-Malheur, 1/2 s. N.
Saint-Lô : 1903-1904. — Réformé le 5 août.

WALDEN-DUKE-OF-CONNAUGHT, 1/2 s. A. — H. N.
Al. 1901. — Angleterre.
Le Pin : depuis 1905.

3°

ETALONS DE PUR SANG

AYANT FAIT LA MONTE EN NORMANDIE

ETALONS DE PUR SANG

Ayant fait la monte en Normandie.

ACCAPAREUR, ex-**GROS-PAUL**, P.S.A. (approuvé). S.B.F., t. XIII, p. 1.
M. Th. Dousdebès (Seine-et-Oise).
Al. 1891. — France.
Par *Gamin* et *Persist*, par Silvester.
Le Pin : depuis 1897.

AJAX, P.S.A. (approuvé). S.B.F., t. XIII, p. 170.
M. Ed. Blanc (Seine-et-Oise).
B. 1901. — Seine-et-Oise.
Par *Flying-Fox* et *Amie*, par Clamart.
Le Pin : depuis 1905.

ALENÇON, P.S.A.—H.N. S.B.F., t. XIII, p. 184.
Al. 1899. — Eure.
Par *Clairon* (approuvé), et *Artemis*, par Verneuil.
Le Pin : depuis 1905.

ALGER, P.S.A.—H.N. S.B.F., t. XI, p. 1.
M. Paul Aumont.
Al. 1883. — France.
Par *Saxifrage* et *Australie*, par Trocadéro.
Le Pin : 1895. — Mort le 19 juin 1899.

ALI, P. S. A. — H. N. S.B.F., t. XIII, p. 344.
Al. 1898. — Côtes-du-Nord.
Par *Achille* et *Emeraude*, par Le Sancy.
Saint-Lô : depuis 1903.

ALLO, P. S. A. (approuvé). S.B.F., t. XIII, p. 2.
M. Le Marchand (Manche).
Bb. 1889. — France.
Par *Zut* et *Lady-Glenorchy*, par Breadalbane.
Saint-Lô : depuis 1896.

ALOËS, P.S A. (accepté). S.B.F., t. XIII, p. 526.
M. André (Orne).
Bb. 1900. — Eure.
Par *The Condor* et *Langrune*, par Saumur.
Le Pin 1904. — Non représenté. — Vendu en 1905.

AMER-PICON, P. S. A. (approuvé). S.B.F , t. XIII, p. 169.
Mme la Ctesse Le Marois (Manche).
Al. 1898. — France.
Par *Le Sagittaire* et *Ambroisie*, par Farfadet.
Saint-Lô : 1905.

ANNECY, P. S. A. — H. N. S.B.F., t. XIII, p. 3.
B. 1897. — Sarthe.
Par *Fricandeau* et *Adrienna*, par Talisman.
Saint-Lô : depuis 1902.

APEX, P. S. A. — H. N. S.B.F., t. XIII, p. 3.
Al. 1896. — Eure.
Par *Ayrshire* et *Alhambra*, par Trapèze.
Le Pin : depuis 1901.

ARAB, P. S. A. (approuvé). S.B.F., t. XIII, p. 3.
M. Rémy (Seine-et-Oise).
B. 1889. — France.
Par *Energy* et *Armoricaine*, par Nougat.
Le Pin : depuis 1901.

ARBACÈS, P. S. A. (approuvé). S.B.F., t. XIII, p. 3.
M. le Cte Foy (Calvados).
B. 1897. — France.
Par *Cambyse* et *Anaconda*, par d'Estournel.
Saint-Lô : depuis 1901.

ARLEQUIN, P. S. A. — H. N. S.B.F., t. XII, p. 3.
B. 1893. — France.
Par *Litlle-Duck* et *Andrella*, par The Scottish-Chief.
Saint-Lô : 1898-1902. — Passé au dépôt d'Angers.

ARMATEUR, P. S. A. — H. N. S.B.F., t. XIII, p. 4.
B. 1897. — Seine-et-Oise.
Par *Le Pompon* et *Araignée*, par Galopin.
Saint-Lô : depuis 1902.

ARROSAGE, P. S. A. — H. N. S.B.F., t. X, p. 276.
Al. 1889. — France.
Par *Xaintrailles* et *Verdoyante*, par Peut-Être.
Saint-Lô : 1894-1904. — Passé le 11 février 1905 au dépôt de Blois.

ARTISAN, P. S. A. (approuvé). S.B.F.. t. XIII, p. 4.
M. Wallet (Seine-et-Oise).
Bb. 1895. — France.
Par *Révérend* et *Alice*, par Wellingtonia.
Le Pin : depuis 1901.

ASTRONOME, P. S. A. — H. N. S B.F., t. XIII, p. 275.
B. 1899. — Hautes-Pyrénées.
Par *Ragotshy* et *Clairvoyante*, par Ladislas.
Saint-Lô : depuis 1904.

AUSTRAL, P. S. A. — H. N. S.B.F., t. XI., p. 2.
Al. 1889. — France.
Par *Saxifrage* et *Australie*, par Trocadéro.
Saint-Lô : depuis 1893.

AUTEUIL II, P. S. A. — H. N. S.B.F , t. XIII p 5.
Al. 1897. — Calvados.
Par *Krakatoa* et *Sauterelle*, par Saxifrage.
Saint-Lô : depuis 1902.

BALLU, P. S. A. (approuvé). S.B.F., t. XIII, p. 7.
M. Lemonnier (Calvados).
N. 1887. — France.
Par *John-Day* et *Cybaline*, par Wellingtonia.
Le Pin : depuis 1894.

BARBE-BLEUE, P. S. A. (approuvé). S.B.F., t. XIII, p. 7.
M. Le Marchand (Manche).
B. 1894. — France.
Par *Fil-en-Quatre* et *La Tarbaise*, par Foudre-de-Guerre.
Saint-Lô : 1900-1904. — Vendu au Brésil.

BASKIR, P. S. A. (approuvé). S.B.F., t. XIII, p. 8.
M. Bisson (Seine-et-Oise).
B. 1896. — France.
Par *Zingaro* et *Bannerol*, par Lecturer.
Le Pin : depuis 1902.

BEAUJOLAIS, P. S. A. — H. N. S.B.F., t. XI, p. 116.
Al. 1891. — Eure.
Par *Gamin* et *Bigamy*, Wild-Oats.
Le Pin : depuis 1897.

BÉGONIA, P. S. A. (approuvé). S.B.F., t. XIII, p. 9.
M. Desclos (Orne).
B. 1885. — France.
Par *Plutus* et *Belle-Étoile*, par Light.
Le Pin : depuis 1893.

BLUE-GREEN, P. S. A. (approuvé). S.B.F., t. XIII, p. 10.
Cte de Fontarce (Seine-et-Oise).
Bb. 1887. — Angleterre. — Importé en 1901.
Par *Corrulëus* et *Angelica*, par Galopin.
Le Pin : 1901-1903. — Non représenté.

BOCAGE, P. S. A. (approuvé). S.B.F., t. XIII, p. 10.
M. R. Lebaudy (Orne). — Acheté en 1905 par M. le Prince
Pierre d'Arenberg (Calvados).
Bb. 1885. — France.
Par *Dollar* et *Printanière*, par Chattanooga.
Le Pin : depuis 1899.

BONNET-VERT, P. S. A. (approuvé). S.B.F., t. XIII, p. 10.
Bon de Bray (Seine-et-Oise).
B. 1893. — France.
Par *The Bard* et *Nouméa*, par Trocadéro.
Le Pin : depuis 1803.

BOURDIGAL, P. S. A. — H. N.   S.B.F., t. XI, p. 117.
N. 1893. — Vienne.
Par *Bariolet* et *Bizerte*, par Androclès.
Saint-Lô : depuis 1899.

BRIO, P. S. A. (approuvé).   S.B.F., t. XIII, p. 12.
M. Michel Ephrussi (Eure).
Bb. 1895. — Angleterre. — Importé en 1899.
Par *Galopin* et *Briar-root*, par Springfield.
Le Pin : depuis 1900.

BROXTON, P. S. A. (approuvé).   S.B.F., t. XII, p. 9
S.B.A., t. XVII, p. 201.
Ctesse Le Marois (Manche) ; James Moore (Seine-et-Oise).
B. 1891, chez le duc de Westminster (Angleterre).
Importé en 1897.
Par *Ayrshire* et *Farewell*, par Doncaster.
Saint-Lô : 1898-1899. — Non présenté en vue de la monte de 1900.
Le Pin : 1901.

BRUCE, P. S. A. — H. N.   S.B.F., t. VIII, p. 5.
B. 1879. — Angleterre.
Par *See-Saw* et *Carine*, par Caterer ou Stockwell.
Le Pin : 1886-1902. — Réformé le 22 août.

BUFFALO-BILL II, P. S. A. (approuvé).   S.B.F., t. XIII, p. 12.
M. Guillerme (Manche).
Al. 1896. — France.
Par *Krakatoa* et *Prudente*, par Le Petit-Caporal.
Saint-Lô : depuis 1901.

CABALLERO, P. S. A. (approuvé).   S.B.F., t. XIII, p. 12.
M. Say (Seine-et-Oise).
B. 1889. — France.
Par *Perplexe* et *Lord-Clifden* mare.
Le Pin : depuis 1894.

CALEBASSIER, P. S. A. (approuvé).   S.B.F., t. XII, p. 495.
M. Dodge (Eure).
Al. 1897. — Eure.
Par *Callistrate* et *Mignonnette*, et Ferragus.
Le Pin : depuis 1903.

CALLISTRATE, P. S. A. (approuvé). S.B.F., t. X. p. 110.
M. Abeille (Eure).
Bb. 1890. — France.
Par *Cambyse* et *Citronelle*, par Mars.
Le Pin : 1896-1901. — Mort.

CANVASS-BACK, P. S. A. (approuvé). S. B. F.. t. XIII, p. 13.
M. Mauge (Seine-et-Oise).
Bb. 1894. — France.
Par *Little-Duck* et *Oxonia*, par Sir-Bevys.
Le Pin : 1902-1903. — Non représenté.

CATAPAN, P. S. A. — H. N. S.B.F.. t. XI, p. 138.
Al. 1892. — Orne.
Par *Bruce* et *Catalape*, par Gabier.
Saint-Lô : depuis 1899.

CAUDEYRAN, P. S. A. (approuvé). S.B.F., t. XIII, p. 14.
M. le Cte de Ganay (Manche).
B. 1894. — France.
Par *Vignemale* et *Lyda*, par Ladislas.
Saint-Lô : 1898-1901. — Cluny : 1902. — Saint-Lô : 1903.
Vendu à l'Italie.

CHALET, P. S. A. (approuvé). S.B.F., t. XIII, p. 14.
Cte Le Marois (Orne).
B. 1887. — France.
Par *Beauminet* et *The Frisky-Matron*, par Crémorne.
Le Pin : depuis 1894.

CHAMBERTIN, P. S. A. (approuvé). S.B.F., t. XIII, p. 14.
M. J. Prat (Calvados).
Gr. 1894. — France.
Par *Le Sancy* et *Chopine*, par Stracchino.
Le Pin : depuis 1899.

CHANDERNAGOR, P.S. A. — H. N. S.B.F., t. X, p. 307.
Al. 1890. — Seine-et-Oise.
Par *Xaintrailles* et *Pensacola*, par Dollar.
Saint-Lô : depuis 1897.

CHAPEAU-CHINOIS, P.S.A. (approuvé). S.B.F., t. XIII, p. 16.
M. Fontenier (Manche).
B. 1890. — France.
Par *Bruce* et *Clarinette*, par Plutus.
Saint-Lô : 1900-1902. — Non représenté.

CHATILLON, P. S. A. (approuvé). S.B.F., t. XIII, p. 16.
M. A. Falguières (Seine-et-Oise).
Al. 1889. — France.
Par *Master-Kildare* et *Court*, par Hampton.
Le Pin : depuis 1904.

CHEIK, P. S. A. (autorisé). S.B.F., t. XIII, p. 16.
M. Guël (Seine-et-Oise).
Al. 1898. — France.
Par *Zut* et *Lady-Erne*, par Prisme.
Le Pin : depuis 1902.

CHÉRI, P. S. A. (approuvé). S.B.F., t. XIII. p. 303.
Bᵒⁿ de Schickler (Manche).
Bb. 1898. — France.
Par *Saint-Damien* et *Cromatella*, par Wellingtonia.
Saint-Lô : depuis 1903.

CHESTERFIELD, P. S. A. (approuvé). S.B.F., t. XIII, p. 16.
M. R. Lebaudy (Orne) jusqu'en 1905. — Acheté par
M. Gaston-Dreyfus (Seine-et-Oise).
Al. 1888. — Angleterre. — Importé en 1893.
Par *Wisdom* et *Bramble*, par See-Saw.
Le Pin : depuis 1894.

CHILDWICK, P. S. A. (approuvé). S.B.F., t. XIII, 1ᵉʳ sup., p. 107.
M. Veil-Picard (Eure).
Bb. 1890. — Angleterre, chez Sir T. Sykes. — Importé en 1902.
Par *Saint-Simon* et *Plaisanterie*, par Wellingtonia.
Le Pin : depuis 1903.

CLAIRON, P. S. A. (approuvé). S.B.F., t. XIII, p. 17.
Bᵒⁿ de Bray (Seine-et-Oise), 1902 ; Cᵗᵉ de Chénelette (Orne), 1903.
B. 1888. — France.
Par *Wellingtonia* et *Aïda*, par Hermit.
Le Pin : 1892-1903. — Non représenté.

CLAMART, P. S. A. — M. E. Blanc, 1892. S.B.F., t. XI, p. 8.
H. N., 1895.
Al. 1888. — France.
Par *Saumur* et *Princess-Catherine*, par Prince-Charlie.
Le Pin : depuis 1892.

CLAMOR, P. S. A. — H. N. S.B.F., t. XIII, p. 47.
B. 1895. — Hautes-Pyrénées.
Par *Grandmaster* et *Clairvoyante*, par Ladislas.
Saint-Lô : depuis 1901.

CODOMAN, P. S. A. (approuvé). S.B.F., t. XII, p. 189.
M. Maurice Ephrussi (Orne).
B. 1897. — Calvados.
Par *Cambyse* et *Campanule*, par The Bard.
Le Pin : depuis 1903.

CORAIL, P. S. A. (approuvé). S.B.F., t. XIII, p. 19.
Cte de Chénelette (Orne).
Al. 1893. — France.
Par *The Bard* et *Princess-Catherine*, par Prince-Charlie.
Le Pin : 1900-1904. — Passé dans la circonscription de Compiègne.

COTENTIN, P. S. A. — H. N. S.B.F., t. X, p. 377.
M. Jacquemin, 1895.
Al. 1889. — France.
Par *Energy* et *Vert-Pré*, par Patricien.
Le Pin : depuis 1895.

COURLIS, P. S. A. (approuvé). S.B.F., t. XIII, p. 19.
Loué par le Cte de Chénelette (Orne) à M. le Cte de Lastours.
Al. 1889. — France.
Par *Sansonnet* et *Citronelle*, par Mars.
Le Pin : 1901-1902. — Non représenté.

CRÉPUSCULE, P. S. A. (approuvé). S.B.F., t. XII, p. 235.
M. des Forts (Orne).
B. 1897. — Calvados.
Par *Le Nicham II* et *Crème*, par Galopin.
Le Pin : depuis 1904.

CUPIDON, P. S. A. (approuvé).   S.B.F., t. XIII, p. 19.
Bon de Rothschild (Calvados).
B. 1897. — France.
Par *Galopin* et *Kiss-Me*, par Hampton.
Le Pin : depuis 1902.

CYRUS II, P. S. A. (approuvé).   S.B.F., t. XIII, p. 20.
M. Th. Dousdebès (Seine-et-Oise).
Al. 1891. — France.
Par *Vernet* et *Cybèle*, par Mandrake.
Le Pin : 1896-1904. — Mort en 1905.

DANICHEFF, P. S. A. (approuvé).   S.B.F., t. XIII, p. 20.
M. Harenger (Seine-et-Oise).
B. 1891. — France.
Par *Claymore* et *Victory II*, par Hermit.
Le Pin : 1900-1901.

DARFUR, P. S. A. (autorisé).   S.B.F., t. XIII, 1er sup., p. 107.
M. Halbronn (Seine).
Al. 1897. — Angleterre. — Importé par M. Redart en 1902.
Par *Karbine* et *Distant-Shore*, par Hermit.
Le Pin : 1903. — Passé dans la circonscription de Tarbes en 1904.
Loué a M. Seignouret.

DICTATOR, P. S. A. — H. N.   S.B.F., t. X, p. 301.
B. 1890. — Orne.
Par *Julius-Cœsar* et *The Frisky-Matron*, par Crémorne.
Saint-Lô : depuis 1896.

DOGE, P. S. A. (approuvé).   S.B.F., t. XIII, p. 21.
M. Arnaud (Seine-et-Oise).
B. 1894. — France.
Par *Fricandeau* et *Dogaresse*, par Vigilant.
Le Pin : depuis 1902.

DOLMA-BAGHTCHÉ, P.S.A. (approuvé). S.B.F., t. XIII, p. 21.
Cte Le Marois, 1901 ; Bon de Schickler, 1902 (Manche) ;
Bon de Bray, 1903 (Seine-et-Oise) ; Bon de Schickler, 1905 (Manche).
B. 1891. — France.
Par *Krakatoa* et *Alaska*, par Galopin.
Saint-Lô : 1895-1902. — Le Pin : 1903-1904.
Saint-Lô : depuis 1905.

DOMINGO, P. S. A. — H. N.   S.B.F., t. XII, p. 16.
B. 1892. — Calvados.
Par *Upas* et *Gaudeloupe*, par Rosicrucian.
Saint-Lô : 1898-1902. — Réformé le 11 août.

DON-QUICHOTTE, P. S. A. (approuvé). S.B.F., t. XIII, p. 311.
M. de Catheu (Orne).
Al. 1898. — Orne.
Par *Callistrate* et *Dancing-Bells*, par Saraband.
Le Pin : depuis 1905.

DOURAK, P. S. A. (approuvé). S.B.F., t. XIII, p. 22.
M. Michel Ephrussi (Eure).
Al. 1887. — France.
Par *Victor-Emanuel* et *Dulce-Domum*, par Cambuscan.
Le Pin : depuis 1902.

EDOUARD III, P. S. A. (approuvé). S.B.F., t. XIII, p. 22.
Vte d'Orléans (Seine).
Gr. 1894. — France.
Par *Le Sancy* et *La Jarretière*, par Perplexe.
Le Pin : 1900-1903. — Passé dans la circonscription de Cluny.

ELDORADO, P. S. A. (approuvé). S.B.F., t. XIII, p. 23.
M. Arnaud (Seine-et-Oise).
Al. 1895. — France.
Par *Fra-Diavolo* et *Ellen-Muncaster*, par Muncaster.
Le Pin : depuis 1905.

ELF, P. S. A. (approuvé). S.B.F., t. XIII, p. 23.
M. de Saint-Alary (Calvados).
Al. 1893. — France.
Par *Upas* et *Analogy*, par Adventurer.
Le Pin : depuis 1903.

ELLSMERE, P. S. A. (approuvé). S.B.F., t. XIII, p. 311.
M. Vanderbilt (Seine-et-Oise). — Loué à M. Dousdebès en 1905.
B. 1899 — France.
Par *Hanover* et *Ella-Pinkerton*, par Longfellow.
Le Pin : depuis 1903.

ENTRECHAT, P. S. A. (approuvé). S.B.F., t. XIII, p. 23.
Bon de Varenne (Seine-et-Oise).
Al. 1892. — France.
Par *Salteador* et *Expectation*, par Speculum.
Le Pin : depuis 1898.

ERYX, P. S. A. (approuvé). S.B.F., t. XIII, p. 403.
Bon de Rothschild (Calvados).
B. 1898. — Calvados.
Par *Galleazo* et *Kiss-Me*, par Hampton.
Le Pin : depuis 1902.

S.B.F., t. XII, p. 17.
ESPOIR-DE-ROUVRES, ex-**OUARGLA**, P. S. A. — H. N.
B. 1894. — Allier.
Par *Mourle* et *Diligence*, par Gabier.
Perpignan : 1898. — Saint-Lô : 1899-1905. — Réformé le 1er août.

ETAMPES, P. S. A. (accepté). S.B.F., t. XII, p. 439.
M. de Bauffres (Gontran) (Seine-Inférieure).
B. 1894. — France.
Par *Gournay* et *L'Etoile*, par Androclès ou Faublas.
Le Pin : depuis 1904.

ÉTENDARD, P. S. A. — H. N. S.B.F., t. XI, p. 191
B. 1891. — Gers.
Par *Artois* et *Etoile-du-Matin*, par Cymbale.
Saint-Lô : 1896-1904. — Réformé le 2 mars 1905.

FAIR-BOY, ex-**FRECHET**, P.S.A. (appr.). S.B.F., t. XIII, p. 25.
M. Mauge (Seine-et-Oise).
Al. 1896. — France.
Par *Clover* et *Fleur-de-Mer*, par Retreat.
Le Pin : depuis 1902.

FANEUR, P. S. A. (approuvé). S.B.F., t. XIII, p. 25.
M. H. Rémy (Seine-et-Oise).
B. 1891. — France.
Par *Retreat* et *Fragoletta*, par Sterling.
Le Pin : 1899-1900.

FLACON, P. S. A. — H. N. S.B.F., t. XIII. p. 27.
Al. 1894. — Calvados.
Par *Hagioscope* et *Héliotrope*, par Rosicrucian.
Le Pin : depuis 1899.

FLEURISSANT, P. S. A. (approuvé). S.B.F.. t. XIII. p. 27.
M. Dodge (Eure).
B. 1888. — France.
Par *Mourle* et *Mignonnette*, par Ferragus.
Le Pin : 1894-1904. — Non représenté.

FLORÉAL, P. S. A. (approuvé). S.B.F., t. XIII, p. 27.
M. de Vains (Manche).
Al. 1893. — France.
Par *Krakatoa* et *Armure*, par Le Sarrazin.
Saint-Lô : 1899-1904. — Réformé.

FLORIZEL, P. S. A. — H. N. S.B F., t. XIII, p. 22.
B. 1895. — Calvados.
Par *Monarque*, *Saxifrage* ou *Saint-Luc* et *Fairyland*,
par Macaroni.
Saint-Lô : depuis 1901.

FLYING-FOX, P. S. A. (approuvé). S.B.F., t. XIII. p. 28.
M. E. Blanc (Seine-et-Oise).
B. 1896. — Angleterre. — Importé en 1900.
Par *Orme* et *Vampire*, par Galopin.
Le Pin : depuis 1900.

FORESTIER, P. S. (autorisé). S.B.F., t. XII. p. 706.
Vte de la Barthe (Calvados).
Al. 1895. — France.
Par *Krakatoa* et *Witchery*, par Peregrine.
Saint-Lô : 1901. — Mort en 1904.

FOURIRE, P. S. A. — H. N. S.B.F., t. XIII, p. 28.
B. 1896. — Oise.
Par *Palais-Royal* et *Fourchette*, par Energy.
Le Pin : depuis 1901.

FRA-ANGELICO, P. S. A. (approuvé). S.B.F., t. XIII, p. 29.
Bon de Schickler (Manche).
B. 1889. — France.
Par *Perplexe* et *Escarboucle*, par Doncaster.
Saint-Lô : 1894-1904. — Passé dans la circonscription de Blois.

FRENCH-FOX, P. S. A. (approuvé). S.B.F., t. XIII, p. 69.
M. Mauge (Seine-et-Oise).
Al. 1901. — Seine-et-Oise.
Par *Flying-Fox* et *América*, par Xaintrailles.
Le Pin : depuis 1905.

FRIPON, P. S. A. S.B.F., t. IX, p. 15.
M. Ed. Blanc ; M. Vanderbilt, 1896 (Seine-et-Oise).
B. 1883. — France.
Par *Consul* et *Folle-Avoine*, par Favonius.
Le Pin : 1889-1901. — Mort.

GAGNY, P. S. A. — H. N. S B.F., t. XII, p. 189.
Al. 1894. — France.
Par *Manoel* et *Camphene*, par Lowlander.
Saint-Lô : depuis 1899.

S.B.A., t. XVI, p. 38.
GAMBLER, P. S. A. — H. N. S B.F., t. X, p. 19.
B. 1887. — Angleterre. — Importé en 1891.
Par *Even* et *The Bee*, par Lord-Clifden.
Saint-Lô : 1891-1903. — Réformé le 10 août.

GANGWAY, P. S. A. (approuvé). S.B.F., t. XIII, p. 30.
M. Falguière (Seine-et-Oise).
B. 1890. — Angleterre. — Importé en 1900.
Par *Saraband* et *Gang-Warily*, par Sefton.
Le Pin : depuis 1901.

GASCON, P. S. A. — H. N. S.B.F., t. XIII, p. 429.
Al. 1899. — Orne.
Par *Lutin* (approuvé), et *Gloriole*, par King-Lud.
Saint-Lô : depuis 1905.

GEM II, P. S. A. (approuvé). S.B.F., t. XIII, p. 419
M. des Forts (Orne).
B. 1898. — Eure.
Par *Callistrate* et *Genevraye*, par Gamin.
Le Pin : depuis 1904.

GÉNÉRAL-ALBERT, P. S. A. (approuvé). S.B.F., t. XIII, p. 31.
M. P. Aumont (Calvados).
B. 1894. — France.
Par *Martagon* et *Woodlark*, par Skylark.
Le Pin : 1900-1904.
Non représenté. — Loué pour la Belgique en 1905.

GERMAIN, P. S. A. — H. N. S.B.F., t. XIII, p. 31.
Al. 1896. — Calvados.
Par *Stracchino* et *Germaine II*, par Zut.
Le Pin : depuis 1901.

GÉRONTE, P. S. A. — H. N. S.B.F., t. XIII, p. 31.
Al. 1895. — Calvados.
Par *King-Lud* et *Hysteria*, par Hampton.
Saint-Lô : depuis 1900.

GIRASOL, P. S. A. (approuvé). S.B.F., t. XIII, p. 301.
M. Maurice Ephrussi (Orne).
B. 1899. — Calvados.
Par *Le Sancy* et *Crème*, par Galopin.
Le Pin : depuis 1905.

GORENFLOT, P. S. A. — H. N. S.B.F., t. XIII, p. 32.
B. 1895. — Orne.
Par *Krakatoa* et *Minstrel-Maid*, par Tynedal.
Le Pin : depuis 1900.

GOSPODAR, P. S. A. (approuvé). S.B.F., t. XIII, p. 32.
M. Michel Ephrussi (Eure).
Al. 1891. — France.
Par *Gamin* et *Georgina*, par Trocadéro.
Le Pin : depuis 1895.

GOST, P. S. A. (approuvé).   S.B.F., t. XIII, p. 32.
M. Michel Ephrussi (Eure).
Al. 1898. — France.
Par *Callistrate* et *Georgina*, par Trocadéro.
Le Pin : depuis 1902.

GOURNAY, P. S. A.   S.B.F., t. X, p. 20.
Cte de Nicolay, 1889. — H. N., 1893.
B. 1884. — France.
Par *Plutus* et *Grenade*, par Trocadéro.
Saint-Lô : depuis 1893.

GOUVERNAIL, P. S. A.   S B.F., t. XII, p. 23.
M. E. Blanc (Hautes-Pyrénées). — H. N., 1899.
Al. 1891. — France.
Par *The Bard* et *Gladia*, par Tournament.
Tarbes : 1895-1898. — Saint-Lô : depuis 1899.

GUARDI, P. S. A. (approuvé).   S.B F., t. XIII, p. 33.
M. de Kiss (Orne).
Al. 1893. — France.
Par *Gamin* et *Georgina*, par Trocadéro.
Le Pin : 1900. — Passé en 1901 dans la circonscription d'Angers.

GYGÈS, P. S. A. (approuvé).   S.B.F., t. XIII, p. 34.
M. Le Marchand (Manche).
Al. 1889. — Angleterre. — Importé en 1896.
Par *Hermit* et *Substitute*, par Brother-to-Strafford mare.
Saint-Lô : 1897-1903. — Vendu.

HALMA, P. S. A. (approuvé).   S.B.F., t. XIII, p. 34.
M. Vanderbilt (Seine-et-Oise).
N. 1892. — Amérique (Etats-Unis). — Importé en 1901.
Par *Hanover* et *Julia L.*, par Longfellow.
Le Pin : depuis 1902.

HAMDANI-SEMRI, P. S. Ar. (approuvé).
M. Henri Prat (Seine).
Gr. 1896. — Orient. — Importé en 1900.
Son père : N., de race Hidyan.
Sa mère : N., de race Hamdanie-Semri.
Le Pin : 1901. — N'a pas fait la monte.

HUMEWOOD, P. S. A. — H. N.   S.B.F., t. XI, p. 16.
Bb. 1884. — Angleterre. — Importé en 1892.
Par *Londesborough* et *Alabama*, par Buccaneer.
Le Pin : 1893-1903. — Réformé le 10 août.

ILLINOIS II, P. S. A. (approuvé).   S.B.F., t. XIII, p. 466.
M. W.-K. Vanderbilt (Seine-et-Oise).
B. 1899. — Seine-et-Oise.
Par *Fripon* (Consul), et *Ildico*, par Mortemer.
Le Pin : depuis 1904.

IRKOUTSK, P. S. A. — H. N.   S.B.F., t. XIII, p. 37.
Al. 1896. — Seine-et-Marne.
Par *Frontin* et *Sweetlips*, par Wellingtonia.
Saint-Lô : depuis 1900.

ISIGNY, P. S. A. (approuvé).   S.B.F., t. XIII, p. 37.
M. de La Charme (Seine-et-Oise).
Al. 1896. — France.
Par *Zut* et *Isolina*, par Speculum.
Le Pin : 1900-1904.
Passé dans la circonscription de Rosières (chez M. Cablan).

ISMAËL, P. S. A. (approuvé).   S.B.F., t. VIII, p. 18.
M. le Cte Le Gonidec (Calvados).
Al. 1875. — France
Par *Flageolet* et *Verdure*, par West-Australian.
Le Pin : 1884-1900.

ISPAHAN, P. S. A. (approuvé).   S.B.F., t. XIII, p. 37.
M. Lecoutenlx de Caumont (Eure).
B. 1895. — France.
Par *Cambyse* et *The Frisky-Matron*, par Cremorne.
Le Pin : 1900.

JAFFA, P. S. A. (approuvé).   S B.F., t. XIII, p. 38.
M. J. Prat (Calvados).
Al. 1890. — France.
Par *Fra-Diavolo* et *Jujube*, par Bagdad.
Le Pin : 1901-1902. — Castré en 1902.

— 223 —

JOCELYN, P. S. A. — H. N.   S.B.F., t. XIII, p. 464.
B. 1898. — Calvados.
Par *Zingaro* (approuvé), et *Hysteria*, par Hampton.
Saint-Lô : depuis 1904.

JOUANCY, P. S. A. (approuvé).   S.B.F., t. XIII, p. 38.
M. Arnaud (Seine-et-Oise).
Bb. 1892. — France.
Par *Fontainebleau* et *Sophiette*, par Brown-Bread.
Le Pin : depuis 1905.

JOUR-DE-FÊTE, P. S. A. (approuvé).   S.B.F., t. XIII, p. 38.
M. de Brémond (Seine-et-Oise).
B. 1898. — France.
Par *Ermak* et *Bougie*, par Bruce.
Le Pin : depuis 1902.

KOSROÈS, P. S. A. (approuvé).   S.B.F., t. XIII, p. 39.
M. le Cte Foy (Calvados).
Bb. 1892. — France.
Par *Cambyse* et *Kate II*, par Joskin.
Saint-Lô : depuis 1897.

KRAKATOA, P. S. A.   S.B.F., t. IX, p. 22.
Bon de Schickler, 1890. — H. N., 1891.
B. 1884. — France.
Par *Thunderbolt* et *Little-Sister*, par Hermit.
Le Pin : 1891.

LAGRANGE, P. S. A.   S.B.F., t. XII, p. 28.
M. E. Blanc (Hautes-Pyrénées). — H. N., 1899.
B. 1890, chez M. E. Blanc.
Par *Energy* et *La Noue*, par Le Petit-Caporal.
Tarbes : 1894-1898. — Le Pin : depuis 1899.

LAMENTO, P. S. A. (approuvé).   S.B.F., t. XIII, p. 40.
M. Moor (Seine-et-Oise).
B. 1896. — France.
Par *Madcap* et *Vedette* mare.
Le Pin : 1902. — Mort en 1902.

L'AMOUR, P. S. A. — H. N. S.B.F., t. XI, p. 414.
B. 1891. — Manche.
Par *Salvador* et *Rose-d'Amour*, par Galopin.
Saint-Lô : depuis 1897.

LAUNAY, P. S. A. (approuvé). S.B.F., t. XIII, p. 40.
Cte Le Marois (Orne).
Al. 1892. — France.
Par *The Bard* et *Lina*, par Mortemer ou Monarque.
Le Pin : depuis 1900.

LAUZUN, P. S. A. — H. N. S.B.F., t. XIII, p. 41.
S.B.A., t. XIX, p. 409.
B. 1898. — Angleterre.
Par *Saint-Simon* et *Merrie-Lassie*, par Rotherhill.
Le Pin : depuis 1902.

LE CAPRICORNE, P. S. A. (approuvé). S.B.F., t. XIII, p. 41.
Bonne de Bray (Seine-et-Oise).
Al. 1888. — France.
Par *Atlantic* et *La Dauphine*, par Doncaster.
Le Pin : 1895-1902. — Passé dans la circonscription de Cluny.

LE FLAMBEAU, P. S. A. — H. N. S.B.F., t. XII, p. 443.
B. 1895. — Eure.
Par *Orme* et *La Flamme*, par Hagioscope.
Saint-Lô : 1899-1903. — Réformé le 1er août.

LE HARDY, P. S. A. (approuvé). S.B.F., t. XIII, p. 41.
M. Camille Blanc (Seine-et-Oise).
Al. 1898. — France.
Par *Saint-Louis* et *Albania*, par Saint-Albans.
Le Pin : depuis 1892.

LE MALPROPRE, P. S. A. (approuvé). S.B.F., t. XIII. p. 42.
M. Mallard, à Bayeux.
B. 1892. — France.
Par *Donny-Carney* et *Mons-Meg*, par Blair-Athol.
Saint-Lô : 1901. — Vendu.

LE MESNIL, P. S. A. (approuvé).   S.B.F., t. XIII, p. 42.
Bon de Varenne (Seine-et-Oise).
B. 1896. — France.
Par *Lord-Clive* et *Macarena*, par Perplexe.
Le Pin : depuis 1900.

LE NICHAM II, P. S. A. (approuvé).   S.B.F., t. XIII. p. 42.
Bon de Rothschild (Calvados).
Bb. 1890. — France.
Par *Tristan* et *La Noce*, ex-*Nounou*, par Wellingtonia.
Le Pin : depuis 1895.

LE POMPON, P. S. A. (approuvé).   S.B.F., t. XIII, p. 43.
M. E. Blanc (Seine-et-Oise).
B. 1891. — France.
Par *Fripon* et *La Foudre*, par The Scottish-Chief.
Le Pin : 1896 1903. — Mort en 1904.

LE RHONE, P. S. A. — M. Hawes.   S.B.F., t. XI, p. 19.
B. 1883. — France.
Par *Menars* et *La Risle*, par Vermouth.
Le Pin : 1893-1901.

LE ROI-SOLEIL, P. S. A. (approuvé).   S.B.F., t. XIII, p. 43.
Bon de Rothschild (Calvados).
B. 1895. — France.
Par *Heaume* et *Mademoiselle-de-La-Vallière*, par Boïard.
Le Pin : depuis 1900.

LE SAGITTAIRE, P. S. A. (approuvé).   S.B.F., t. XIII, p. 43.
Cte de Ganay (Manche).
Al. 1892. — France.
Par *Le Sancy* et *La Dauphine*, par Doncaster.
Saint-Lô : depuis 1897.

LE SAMARITAIN, P. S. A. (approuvé).   S.B.F., t. XIII, p. 43.
Cte Foy (Calvados).
Gr. 1895. — France.
Par *Le Sancy* et *Clémentina*, par Doncaster.
Saint-Lô : depuis 1900.

LE SANCY, P. S. A. (approuvé).   S.B.F., t. VIII, p. 372.
Bon de Schickler (Manche).
Gr. 1884. — France.
Par *Atlantic* et *Gem-of-Gems*, par Strathconan.
Saint-Lô : 1891-1901.

LE SÉNATEUR, P. S. A. (approuvé).   S.B.F., t. XIII, p. 44.
Al. 1895. — France.
Par *Berenger* et *Farceuse*, par Salvator.
Le Pin : 1900. — Passé en 1901 dans la circonscription de Tarbes.

LIBAROS, P. S. A. (approuvé).   S.B.F., t. XIII, p. 44.
M. A. Fould (Seine-et-Oise).
Al. 1895. — France.
Par *Grand-Master* et *Lolle*, par Bay-Archer.
Le Pin : 1901. — Passé en 1902 dans la circonscription de Tarbes.

LITTLE-DUCK, P. S. A.   S.B.F., t. VIII, p. 32.
Bon de Soubeyran, 1890 ; M. J. Lebaudy, 1895 ;
M. Chéri-Halbronn, 1898 ; M. Mauge (Seine-et-Oise).
B. 1881. — France.
Par *See-Saw* et *Light-Drum*, par Rataplan.
Le Pin : 1890-1901.

LŒFFLER, P. S. A. (approuvé).   S.B.F., t. XIII, p. 45.
M. Mauge (Seine-et-Oise).
B. 1885. — France.
Par *Westminster* et *Carpette*, par Kidderminster.
Le Pin : 1892-1901. — Mort en 1902.

LONG-BOW, P. S. A. -- H. N.   S.B.F., t. XIII, p. 46.
B. 1894. — Seine-et-Oise.
Par *The Bard* et *Old-Bow*, par Beaulieu.
Saint-Lô : 1900-1903. — Passé le 11 décembre au service de l'Ecole.

LUNÉVILLE, P. S. A. — H. N.   S.B.F., t. XIII, p. 46.
Al. 1896. — Manche.
Par *Florestan* et *Landrecies*, par Nougat.
Saint-Lô : depuis 1901.

LUTIN, P. S. A. (approuvé).   S.B.F., t. XIII, p. 46.
M. Vanderbilt (Seine-et-Oise).
Al. 1891. — France.
Par *Patriarche* et *Légitime*, par Don-Carlos.
Le Pin : 1896-1904. — Mort en septembre 1905.

LUTRIN, P. S. A. (approuvé).   S.B.F., t. XIII, p. 46.
Bon de Bray (Seine-et-Oise).
Al. 1894. — France.
Par *Sorento* et *Légitime*, par Don-Carlos.
Le Pin : 1901-1905.

LUTTEUR, P. S. A. — H. N.   S.B.F., t. XIII, p. 774.
B. 1898. — Oise.
Par *Lutin* et *Simiane*, par Beauminet.
Saint-Lô : depuis 1903.

LYKAN, P. S. A. — H. N.   S.B.F., t. XII, p. 446.
Al. 1894. — Hautes-Pyrénées.
Par *Rueil* et *Lisette II*, par Vignemale.
Saint-Lô : depuis 1899.

MADCAP, P. S. A.   S.B.F., t. X, p. 254.
M. Marghiloman (Seine-et-Oise).
Al. 1889. — France.
Par *The Bard* et *Malibran*, par Consul.
Le Pin : 1895-1901. — Passé dans la circonscription de Compiègne.

MAHMED-BEN-GANA, P. S. A. (appr.).   S.B.F., t. XIII, p. 47.
M. Dodge (Eure).
Al. 1889. — France.
Par *Energy* et *Michelette*, par Orpheline.
Le Pin : 1898-1902. — Passé dans la circonscription de Tarbes.

MALGACHE, P. S. A. (approuvé).   S.B.F., t. X, p. 29.
M. Petit-Leroy.
B. 1886. — France.
Par *Bariolet* et *Miss-Bowstring*, par Stafford.
Le Pin : 1892-1897. — Passé en 1898 dans la circonscription
de Tarbes.
Le Pin : 1900-1901.

MAMIANO, P. S. A. (approuvé). S.B.F., t. XIII, p. 47.
Mᶦˢ de Triquerviile (Calvados).
Al. 1890. — France.
Par *Flavio* et *Régente II*, par Guy-Dayrell.
Le Pin : 1900-1903. — Non représenté.

MARGAUX, P. S. A. — H. N. S.B.F.. t. XIII, p. 48.
Al. 1895. — Orne.
Par *War-Dance* et *Madeira*, par Thunderbolt.
Saint-Lô : depuis 1900.

MARTIN-PÊCHEUR II, P.S.A. (appr.). S.B.F., t. X, p. 29
M. Ephrussi (Orne) ; M. Cartier (Seine-et-Oise).
B. 1881. — France.
Par *Dollar* et *Schooner*, par Father-Thames.
Le Pin : 1892-1900.

MASQUÉ, ex-**VALÉRIEN**, P.S.A. (app.). S.B.F.. t. XIII, p. 49.
M. E. Blanc (Seine-et-Oise,.
B. 1894. — France.
Par *Tyrant* et *Mashery*, par Mask.
Le Pin : 1899-1904.
Passé dans la circonscription de Compiègne en 1905.

MAZEPPA, P. S. A. (approuvé). S.B.F. t. XIII, p. 49.
M. Le Marchand (Manche).
Bb. 1896. — France.
Par *Narcisse* et *Lavande*, par Nougat.
Saint-Lô : 1901-1905. — Réformé.

MÉDICIS, P. S. A. (approuvé). S.B.F., t. X. p 346.
Bᵒⁿ de Rothschild (Calvados).
Al. 1890. — France.
Par *Robert-the-Devil* et *Skotzka*, par Blair-Athol.
Le Pin : 1897-1900.

MERLIN, P. S. A. (approuvé). S.B.F., t. XIII. p. 50.
Cᵗᵉ de Nicolay. — Loué à M. Mauge (Seine-et-Oise).
B. 1892. — France.
Par *Vignemale* et *Mignonette*, par Bay-Archer.
Le Pin : depuis 1904.

MÉTÉORE, P. S. A. (approuvé).   S.B.F., t. XIII. p. 50.
M. Lazies (Seine).
Bb. 1893. — France.
Par *Krakatoa* et *Volage II*, par The Peer.
Le Pin : 1901-1903. — Non représenté.

MIGNON, P. S. A. (approuvé).   S.B.F., t. XIII, p. 50.
M. Th Dousdebès (Seine-et-Oise).
B. 1890. — France.
Par *Souci* et *Lyonesse*, par Lord-Lyon.
Le Pin : depuis 1896.

MIGUEL, P. S. A. (approuvé).   S.B.F., t. XIII, p. 50
M. Delamarre (Orne).
N. 1886. — Angleterre. — Importé en 1899,
Par *Fernandez* et *Cream-Cheese*, par Parmesan.
Le Pin : depuis 1900.

MONARQUE, P. S. A. (approuvé).   S.B.F.. t. XIII, p.51 .
M. P. Aumont (Calvados).
B. 1884. — France.
Par *Saxifrage* et *Destinée*, par Ruy-Blas.
Le Pin : 1890-1903. — Non représenté.

MONTJOYE, P. S. A. (approuvé).   S.B.F., t. XIII. p.   .
M. Camille Blanc ; Cte Le Gonidec (Calvados).
Al. 1894. — France.
Par *Stuart* et *Venise*, par Vulcan.
Le Pin : 1899-1901.

MONTLHÉRY, P. S. A. (approuvé).   S.B.F., t. XIII, p.   .
Vte d'Orléans (Seine).
Al. 1892. — France.
Par *Stuart* et *Malibran*, par Consul.
Le Pin : 1903. — Non représenté en 1904.

MOSCOU, P. S. A. (approuvé).   S.B.F., t. XIII, p.   .
Mme de Rienbeau (Seine-et-Oise).
B. 1896. — France.
Par *The Condor* et *Chantage*, ex-*Flora*, par Beaurepaire.
Le Pin : 1902-1903. — Non représenté. — Vendu en 1904.

MOULAT, P. S. A. (approuvé)   S.B.F., t. XIII, p. 53.
M. X. Balli (Calvados).
Al. 1892. — France.
Par *Bay-Archer* et *Mytilène*, par Saint-Léger.
Le Pin : depuis 1900.

NANTHEUIL, P. S. A. (approuvé).   S.B.F., t. XIII. p. 648.
M. Camille Blanc (Seine-et-Oise).
B. 1898. — France.
Par *Fricandeau* et *Nep*, par Farfadet.
Le Pin : depuis 1903. — Castré en 1904.

NARCISSE, P. S. A. (approuvé).   S.B.F., t. VII p. 23.
MM. de Bertenx ; Cte Le Marois ; J. Lebaudy ;
M. le Cte de Fels (Seine-et-Oise).
B. 1876. — France.
Par *Trocadéro* et *Julia-Peel*, par Amsterdam.
Le Pin : 1884. — Saint-Lô : depuis 1892.
(N'a pas fait la monte de 1893 dans la circonscription de Saint-Lô).
Le Pin : 1901.

NEDJIM, P. S. Ar. (approuvé).   S.B.F., t. XIII, p. 146.
M. Passéga (Calvados).
Gr. 1895. — Orient.
De race : Kouheïlan-El-Adjour.
Saint-Lô ; depuis 1901.

NIGAUD, P. S. A. — H. N.   S.B.F., t. XI, p. 361.
Al. 1891. — Oise.
Par *Fra-Diavolo* et *Nérina*, par Thunderbolt.
Saint-Lô : depuis 1897.

NIP-NIP, P. S. A. (approuvé).   S.B.F., t. XIII. p. 54.
M. Fontenier (Manche).
Bb. 1889. — France.
Par *Ladislas* et *Nuncia-Jeune*, par Trombone.
Saint-Lô : 1897-1902. — Non représenté.

OLD-WARRIOR, P. S. A. (approuvé). S.B.F., t. XIII, p. 55.
M. Vanderbilt (Seine-et-Oise).
Al. 1898. — France.
Par *War-Dance* et *Old-Bow*, par Beauclerc.
Le Pin : 1902. — Non représenté. — Vendu.

OLMUTZ, P. S. A. — H. N. S.B.F., t. XII, p. 38.
Bb. 1893. — Allier.
Par *Gulliver* et *Osberga*, par Sterling.
Le Pin : 1898-1902. — Passé au dépôt de Tarbes en décembre.

OSBOCH, P. S. A. (approuvé). S.B.F., t. XIV, p. 57.
M. Mauge (Seine-et-Oise).
Bb. 1898. — Angleterre. — Importé en 1903.
Par *Oberon* et *Saint-Isabela*, par Saint-Gation.
Le Pin : depuis 1904.

OUISTITI, P. S. A. (approuvé). S.B.F., t. XIII, p. 56.
M. Camille Blanc (Seine-et-Oise).
Al. 1896. — France.
Par *Stuart* et *Betrow*, par Doncaster.
Le Pin : depuis 1904.

PALMISTE, P. S. A. (approuvé). S.B.F., t. XIII, p. 56.
Cte de Fels (Seine-et-Oise).
Gr. 1894. — France.
Par *Le Sancy* et *Perplexité*, par Perplexe.
Le Pin : depuis 1898.

PARASOL, P. S. A. (approuvé). S.B.F., t. XIII, p. 56.
B. 1894. — France.
Par *Rueil* et *Pyrale*, par Trombone.
Le Pin : 1900-1901. — Non représenté.

PASSARO, P. S. A. (approuvé). S.B.F., t. XIII, p. 669.
M. Ochsé (Seine-et-Oise).
Al. 1898. — France.
Par *Le Capricorne* et *Palerme*, par Narcisse.
Le Pin : depuis 1905.

PASTISSON, P. S. A. (approuvé). S.B.F., t. XIII, p. 57.
Ctesse Le Marois (Manche).
B. 1890. — France.
Par *Saint-Cyr* et *Pastèque*, par Marksman.
Saint-Lô : 1896-1902. — Loué en Angleterre.

PERSEUS, P. S. A. (approuvé). S.B.F., t. XIII, 2e suppl. p. 130.
Bon de Bray (Seine-et-Oise).
B. 1899. — Angleterre. — Importé en 1903.
Par *Saint-Simon* et *Androméda*, par Minting.
Le Pin : 1904-1905. — Mort en 1905.

PERTH, P. S. A. (approuvé). S.B.F., t. XIII, p. 58.
MM. Caillault et Cte de Pourtalès (Orne).
B. 1896. — France.
Par *War-Dance* et *Primrose-Dame*, par Barcaldine.
Le Pin : depuis 1901.

PILOTE, P. S. A. (approuvé). S.B.F., t. XIII, p. 58.
M. Fontenier (Manche).
Al. 1886. — France.
Par *Bay-Archer* et *Picciola*, par Remus.
Saint-Lô : 1896-1902. — Non représenté.

PORTUGAL, P. S. A. — H. N. S.B.F., t. XII, p. 41.
B. 1892. — Calvados.
Par *Saxifrage* et *Verveine*, par Mourle.
Le Pin : 1897-1903. — Passé le 8 décembre au service de l'École.

POURTANT, P. S. A. S.B.F., t. VIII, p. 503.
M. Michel Ephrussi.
Al. 1886. — France.
Par *Saxifrage* et *La Papillonne*, par Trocadéro.
Le Pin : 1891-1901. — Non représenté.

PRÉ-EN-PAIL, P. S. A. (approuvé). S.B.F., t. XII, p. 41.
M. Tirard ; Mme Baret (Calvados).
B. 1886. — France.
Par *Verdun* et *Pâquerette*, par Ivanoff.
Saint-Lô : 1892. — Le Pin : 1899-1900.

PRINCE-HAMPTON. P.S.A. (app.). S.B.F., t. XIV, p. 64.
Bon de Bray (Seine-et-Oise).
B. 1888. — Angleterre. — Importé par M. Tellier en 1904.
Par *Royal-Hampton* et *Pibroch*, par Craig-Millar.
Le Pin : depuis 1905.

PUCHERO, P. S. A. (approuvé). S.B.F., t. XIII, p. 59.
Clesse Le Marois (Manche).
B. 1887. — France.
Par *Perplexe* et *Japonica*, par See-Saw.
Saint-Lô : 1893-1903. — Réformé.

QUIRINAL, P. S. A. (approuvé). S B.F., t. XIII, p. 60.
M. Lenoir, 1901 ; M. Lechaptois, 1903 (Manche) ;
M. Renault, 1905 (Manche).
B. 1896. — France.
Par *Clairon* et *Queen-of-the-Vixens*, par Umpire.
Saint-Lô : depuis 1901.

RACONTEUR, P. S. A. (approuvé). S.B.F., t. XIII, p. 60.
M. Chéri-Halbronn, 1903 (Seine) ; Clesse Le Marois, 1904 (Manche).
Bb. 1892. — Angleterre. — Importé en 1897.
Par *Saint-Simon* et *Plaisanterie*, par Wellingtonia.
Le Pin : 1903 et 1905. — Saint-Lô : 1904.

RAILLEUR, P. S. A. (approuvé). S.B.F., t. XIII, p. 60.
M. I. Wysocki (Orne).
Al. 1895. — France.
Par *Mirabeau* et *Raymonde*, par Saint-Louis.
Le Pin : depuis 1901.

RANES, P. S. A. — M. H. Say. — H. N. S.B.F., t. XI, p. 26.
B. 1889. — France.
Par *Bruce* et *Rigodon*, ex-*Republic*, par Kaiser.
Le Pin : depuis 1893.

REGRET, P. S. A. (approuvé). S.B.F., t. XIII, p. 61.
M. Delamarre (Orne).
Al. 1895. — France.
Par *Grandmaster* et *Riante*, par Rayon-d'Or.
Le Pin : 1899-1902. — Loué en 1903 à M. Fould.
Non représenté depuis.

REMINDER, P. S. A. — H. N.   S.B.A., t. XVII, p. 489.
S.B.F., t. XIII. p. 61.
B. 1891. — Angleterre.
Par *Mélanion* et *Postscript*, par George-Frederick.
Le Pin : depuis 1901.

REMIREMONT, P. S. A. (approuvé).   S.B.F., t. XIII, p. 61.
M. Pierre (A.), 1895 ; M. Perdriel, 1902 (Calvados) ;
M. Lepileur, 1904 (Manche).
B. 1891. — France.
Par *Border-Minstrel* et *Trocadisette*, par Trocadéro.
Saint-Lô : 1895-1905. — Réformé.

RETZ, P. S. A. (approuvé).   S.B.F. t. XIII. p. 220.
M. Camille Blanc (Seine-et-Oise).
B. 1899. — Seine-et-Oise.
Par *Le Hardy* et *Betrow*, par Doncaster.
Le Pin : depuis 1904.

REVIGNY, P. S. A. (approuvé).   S.B.F., t. XIII, p. 62.
M. Anger (Sosthène), 1902 (Calvados) ; M. Couetil, 1905 (Manche).
B. 1895. — France.
Par *Clairon* et *Trocadisette*, par Trocadéro.
Saint-Lô : depuis 1902.

RICHELIEU, P. S. A. (approuvé).   S.B.F. t. XIII. p. 62.
M. Michel Ephrussi (Eure).
Al. 1881. — France.
Par *Trocadéro* et *Reine-de-Saba*, par Orphelin.
Le Pin : 1898-1904. — Mort en 1905.

RIO-TINTO, P. S. A. — H. N.   S.B.F., t. XI. p. 409.
B. 1892. — Eure.
Par *The Condor* et *Rigodon*, par Kaiser.
Saint-Lô : depuis 1897.

ROBESPIERRE, P. S. A. (approuvé).   S.B.F. t. XII, p. 599.
M. P. Desclos (Orne).
B. 1897. — Orne.
Par *Bégonia* et *Révolte*, par Energy.
Le Pin : depuis 1903.

S.B.F., t. XIII, p. 62.

ROCKHAMPTON, P.S.A. (autorisé, 1901-1902 ; approuvé, 1903).

M. Hawes, 1901 ; M. Halbronn, 1902 (Seine) ;

M. P. Aumont, 1903 (Calvados).

B. 1889. — Angleterre. — Importé d'Italie en 1897.

Par *Hampton* et *Winifred*, par Bromiclaw.

Le Pin : depuis 1901.

ROLAND, P. S. A.-Ar. (approuvé). S.B.F., t. XIII, p. 1013.

M. le Cte de Tocqueville (Manche).

Al. 1901. — France.

Par *Nahr-Ibrahim*, P. S. Ar., et *Rosa*, P. S. A.-Ar.,

par Clément, P. S. A.

Saint-Lô : depuis 1905.

RUEIL, P. S. A. S.B.F., t. XI. p. 28.

M. Ed. Blanc, 1894 ; H. N., 1899.

Al. 1889. — France.

Par *Energy* et *Rêveuse*, par Perplexe.

Le Pin : 1894-1904. — Mort le 25 février.

SAINT-DAMIEN, P. S. A. (approuvé). S.B.F., t. XIII. p. 65.

M. Gaston-Dreyfus (Seine-et-Oise).

Bb. 1889. — Angleterre. — Importé en 1894.

Par *Saint-Simon* et *Distant-Shore*, par Hermit.

Le Pin : depuis 1894.

SAINT-HILAIRE, P. S. A. (approuvé). S.B.F., t. XIII, p. 65.

M. Halbronn (Seine) ; M. Mauge, 1903 (Seine-et-Oise).

B. 1891. — Angleterre. — Importé en 1901.

Par *Saint-Simon* et *Distant-Shore*, par Hermit.

Le Pin : 1902-1903. — Mort en 1904.

SAINT-KENELM, P. S. A. (approuvé). S.B.F., t. XIII. p. 65.

M. Falguière (Seine-et-Oise).

Bb. 1896. — Angleterre. — Importé en 1900.

Par *Saint-Simon* et *Kenegie*, par Rosicrucian.

Le Pin : 1901-1902. — Passé dans la circonscription de Pau.

SAINT-LUC, P. S. A. (approuvé). S.B.F., t. XIII. p. 65.
M. P. Aumont (Calvados).
B. 1884. — France.
Par *Mourle* et *Bariolette*, par Orphelin.
Le Pin : 1890-1902. — Non représenté.

SAINT-MÉDARD, P. S. A. (approuvé). S.B.F. t. XIII. p. 66.
M. Hadot de Vennes (Seine-et-Oise).
B. 1894. — France.
Par *Saint-Simon* et *Fealty*, par Hampton.
Le Pin : depuis 1903.

SAINT-PAIR-DU-MONT, P. S. A. S.B.F. t. XI. p. 28.
H. N.
B. 1887. — France.
Par *Beauminet* et *Carmélite*, par Le Petit-Caporal.
Saint-Lô : depuis 1893.

SAVERDUN, P. S. A. S.B.F., t. XIII. p. 629.
H. N.
B. 1896. — Hautes-Pyrénées.
Par *Barberousse* et *Serpolette*, par Mandrake.
Saint-Lô : depuis 1905.

SAXON, P. S. A. (approuvé). S.B.F., t. XIII. p. 771.
M. E. Blanc (Seine-et-Oise).
Al. 1898. — Seine-et-Oise.
Par *The Bard* et *Shrine*, par Clairvaux.
Le Pin : depuis 1903.

SCOTLAND, P. S. A. (approuvé). S.B.F., t. XIII. p. 67.
M. Michel Ephrussi (Eure).
B. 1892. — Angleterre. — Importé en 1898.
Par *Barcaldine* et *Lord-Lyon* mare.
Le Pin : depuis 1899.

SIMÉON, P. S. A. (approuvé). S.B.F. t. XIII, p. 445.
Mis de Triquerville (Calvados).
Bb. 1898. — France.
Par *Simonian* et *Happy-Valley*, par Retreat.
Le Pin : depuis 1904.

SIMONIAN. P. S. A. (approuvé).   S.B.F., t. XIII, p. 68.
M. P. Aumont (Calvados).
B. 1888. — Angleterre. — Importé en 1896.
Par *Saint-Simon* et *Garonne*, par Silvio.
Le Pin : depuis 1897.

SOLITAIRE, P. S. A.   S.B.F., t. XII, p. 1096.
Mlle Mars-Brochard (Seine).
Al. 1892. — Calvados.
Par *Fra-Diavolo* et *Sauterelle*, par Saxifrage.
Le Pin : 1898-1901.

SONDEUR, P. S. A. — H. N.   S.B.F., t. XIII, p. 779.
B. 1899. — Seine.
Par *Diavolo* (approuvé), et *Sonora*, par Fontainebleau.
Saint-Lô : depuis 1904.

SORCERER, P. S. A. (approuvé).   S.B.F., t. XIII, p. 69.
M. Halbronn (Seine).
B. 1889. — Angleterre. — Importé en 1898.
Par *Ormonde* et *Crucible*, par Rosicrucian.
Le Pin : 1899-1900.

SORRENTO, P. S. A. (approuvé).   S.B.F., t. XIII, p. 69.
Bon de Bray (Seine-et-Oise).
B. 1884. — Angleterre. — Importé en 1891.
Par *Springfield* et *Napoli*, par Macaroni.
- Le Pin : 1892-1902. — Passé dans la circonscription de Cluny.

STUART, P. S. A. (approuvé).   S.B.F. t. XIII, p. 70.
M. Camille Blanc (Seine-et-Oise).
Al. 1885. — France.
Par *Le Destrier* et *Stockhausen*, par Stockwell.
Le Pin : depuis 1890.

STYX, P. S. A.   S.B.F., t. X, p. 346.
Bon de Rothschild (Calvados).
B. 1891. — France.
Par *Tristan* et *Simonne*, par Galopin.
Le Pin : 1897-1901.

SUREFOOT, P. S. A. (approuvé). S.B.F., t. XIII, p. 70.
M. Mangé, 1901 (Seine-et-Oise) ; Prince Pierre d'Arenberg, 1903
(Calvados).
B. 1887. — Angleterre. — Importé en 1899.
Par *Wisdom* et *Galopin mare*.
Le Pin : 1901-1904. — Mort en 1905.

SURVILLIERS, P. S. A. (autorisé). S.B.F., t. XIII, p. 71.
Bon de Rothschild (Calvados).
Al. 1891. — France.
Par *Archiduc* et *Sugar-Plum*, par Plum-Pudding.
Le Pin : 1896-1904. — Mort le 24 décembre 1904.

TAÏAUT II, ex-**TAYAUT II**, P.S.A. (app.). S.B.F., t. XIII, p. 72.
Duc d'Uzès (Seine-et-Oise).
B. 1892. — France.
Par *Patriarche* et *Cassiopée*, par Caterer.
Le Pin : 1900-1903. — Non représenté en 1904.

THE BARD, P. S. A. (approuvé). S.B.F., t. XIII, p. 72.
M. Say (Seine-et-Oise).
Al. 1883. — Angleterre.
Par *Petrarch* et *Magdalène*, par Syrian.
Le Pin : 1887-1902. — Mort en 1902.

THE CONDOR, P. S. A. — H. N. S.B.F., t. VIII, p. 31.
B. 1882. — France.
Par *Dollar* et *Charmille*, par The Nabob.
Le Pin : 1887-1903. — Réformé le 10 août.

THE MINSTREL, P. S. A. (approuvé). S.B.F., t. XIII, p. 72.
Cte Foy (Calvados).
Al. 1888. — France.
Par *The Bard* et *Malibran*, par Consul.
Saint-Lô : depuis 1896.

THIBET, P. S. A. (approuvé). S.B.F., t. XIII, p. 72.
M. Camille Blanc (Seine-et-Oise).
Al. 1896. — France.
Par *The Bard* et *Thébaïde*, par Cambyse.
Le Pin : depuis 1902.

TIBÈRE, P. S. A. — H. N. S.B.F., t. XIII, p. 73.
Al. 1898. — Seine-et-Oise.
Par *The Bard* et *Thébaïde*, par Cambyse.
Le Pin : depuis 1902.

TOURNESOL, P. S. A. S.B.F., t. XII, p. 52.
Cte J. de Ganay, 1898 ; H. N., 1899.
B. 1890. — Manche.
Par *Le Destrier* et *Perplexité*, par Perplexe.
Saint-Lô : depuis 1898.

TOURNE-TOUJOURS, P. S. A. (appr.). S.B.F., t. XIII, p. 73.
M. Louvel (Orne).
B. 1891. — France.
Par *Mourle* et *Toupie*, par Saxifrage.
Le Pin : 1899-1904. — Non représenté. — Vendu.

TRAJAN, P. S. A. (approuvé). S.B.F., t. X, p. 359.
M. Dousdebès (Seine-et-Oise).
B. 1889. — France.
Par *Julius-Cæsar* et *Teacher*, par Blinkhoolie.
Le Pin : 1893-1900.

UPAS, P. S. A. (approuvé). S.B.F., t. XIII, p. 74.
Cte de Berteux (Calvados).
Al. 1883. — France.
Par *Dollar* et *Rose-Mary*, par Skirmisher.
Le Pin : depuis 1899.

UTRECHT, P. S. A. — H. N. S. B.F., t. IX, p. 37.
Al. 1883. — France.
Par *King-Lud* et *Ortolan*, par Saunterer.
Saint-Lô : 1887-1904. — Réformé le 5 août.

VASCO, P. S. A. (approuvé). S.B.F., t. XIII, p. 829.
M. H. Say (Seine-et-Oise).
Bb. 1899. — France.
Par *Le Pompon* et *Vauxhall*, par Foxhall.
Le Pin : depuis 1904.

VAUCOULEURS, P. S. A. — H. N. S.B.F., t. XIII, p. 75.
Al. 1893. — Calvados.
Par *Border-Minstrel* et *Sarigue*, par Verdun.
Le Pin : 1900-1901. — Tarbes : 1902-1903. — Le Pin : depuis 1904.

S.B.F., t. XII, p. 53.
VERACITY, ex-**FROMAGE**, P. S. A. (approuvé).
M. Perrin ; Vte de Bari (Seine-et-Oise).
B. 1888. — France.
Par *Chitré* et *Ninette*, par Earl-of-Dartrey.
Le Pin : 1898-1900.

VIEUX-MARCHEUR, P. S. A. — H. N. S.B.F., t. XIII, p. 518.
Al. 1898. — Orne.
Par *Naintrailles* et *La Goulue*, par Prism.
Saint Lô : depuis 1905.

VIGILANT, P. S. A. (approuvé). S.B.F., t. XIII, p. 76.
M. Delamarre (Orne).
B. 1879. — France.
Par *Vermouth* et *Virgule*, par Saunterer.
Le Pin : depuis 1884.

VINICIUS, P. S. A. — H. N. S.B.F., t. XIII, p. 851.
B. 1900. — Seine-et-Oise.
Par *Masqué* et *Wandora*, par Bruce.
Le Pin : depuis 1904.

WAR-DANCE, P. S. A. (approuvé). S.B.F., t. XIII, p. 76.
M. Maurice Ephrussi (Orne).
B. 1887. — France.
Par *Galliard* et *War-Paint*, par Uncas.
Le Pin : 1892-1905. — Mort en 1905.

WINKFIELD-PRIDE, P.S.A. (approuvé). S.B.F., t. XIII, p. 77.
M. E. Blanc (Seine-et-Oise).
Al. 1893. — Angleterre. — Importé en 1898.
Par *Winkfield* et *Alimony*, par Isonomy.
Le Pin : 1899-1902.
Loué en 1903 à M. le Cte G. de Ganay (Saône-et-Loire).
Non représenté. — Vendu à l'étranger.

YANTHIS, P. S. A. (approuvé).   S.B.F., t. XIII, p. 77.
M. Michel Ephrussi (Eure).
Al. 1894. — France.
Par *Gamin* et *Yolande*, par Narcisse.
Le Pin : depuis 1901.

ZINGARO, P. S. A. (approuvé).   S.B.F., t. XIII, p. 78.
Cte de Berteux (Calvados).
B. 1888. — France.
Par *King-Lud* et *Dalnamaine*, par Thormanby.
Le Pin : depuis 1893.

ERRATA

Page 25, ligne 14. Lire *5e degré* au lieu de *6e degré*.

Page 97, ligne 36. Lire *1/2 s. A.* au lieu de *1/2 s. N.*

Page 120, ligne 4. Lire *Quiclet* au lieu de *Quiclet*.

Page 120, ligne 30. Lire *Ramsay, 1/2 s. A.*

Page 122, ligne 30. Lire *Impérieux* au lieu de *Impérieuse*.

Page 131, ligne 20. Lire *Tipple-Cider* au lieu de *Tripple-Cider*.

Page 132, ligne 24. Lire *Tipple-Cider* au lieu de *Tripple-Cider*.

Page 148, ligne 31. Lire par *Aï* au lieu de *Aï*.

Page 162, lignes 17 et 18. Lire *Pierce* au lieu de *Pierre*.

Page 174, ligne 23. Lire *Gall* au lieu de *Gale*.

Page 182, ligne 9. Lire *Thevelot* au lieu de *Thevlot*.

Page 240, ligne 28. Lire *Winkfield's-Pride* au lieu de *Winkfield-Pride*.

Société anonyme de l'imprimerie Kugelmann (L. Cadot, directeur),
12, rue de la Grange-Batelière, Paris.

STUD BOOK FRANÇAIS

REGISTRE

DES

CHEVAUX DE DEMI-SANG

NÉS ET IMPORTÉS EN FRANCE

Publié par ordre de M. le Ministre de l'Agriculture

SECTION NORMANDE

TOME IV — ÉTALONS

(1898-1901)

Prix : 4 Francs

PARIS

EN VENTE A L'IMPRIMERIE KUGELMANN

12, rue de la Grange-Batelière, 12

1902

Reproduction interdite.

STUD BOOK FRANÇAIS

REGISTRE

DES

CHEVAUX DE DEMI-SANG

NÉS ET IMPORTÉS EN FRANCE

Publié par ordre de M. le Ministre de l'Agriculture.

SECTION NORMANDE

TOME V. — ÉTALONS

(1902-1905)

Prix : 4 Francs

PARIS

EN VENTE A L'IMPRIMERIE KUGELMANN

12, Rue de la Grange-Batelière, 12

1906

Reproduction interdite.